Military Colony

# 「軍事植民地」沖縄

日本本土との〈温度差〉の正体

吉田健正
Yoshida kensei

高文研

「戦争前私が植民地問題を研究していた一人の教授であったころのことでありますが、一九世紀のおわりから二〇世紀の始めにかけまして植民地問題を論じた書物には、「軍事植民地」という言葉が見出される。植民地の分類の中に、ミリタリー・コロニー(軍事植民地)というのが必らず出てくる。シンガポールであるとかジブラルタルであるとか、地中海のマルタ島であるとか、ああいうものは軍事植民地である。本国がその植民地を統治し、利用する目的が主として軍事的・戦略的な見地にある場合に、これを軍事植民地として分類しました。」

(矢内原忠雄「世界・沖縄・琉球大学」、『主張と随想』東京大学出版会、一九五七、所収)

「サンフランシスコ平和条約第三条にもとづいて、米国は沖縄の統治権をもっている。そして米国が沖縄を統治する目的が軍事上の必要であることは、プライス勧告にも明言されている。すなわち沖縄は米国の軍事植民地である。」

(矢内原忠雄「現地に見る沖縄の諸問題」、『朝日新聞』一九五七年一月二八日付所載)

❖矢内原忠雄(一八九三—一九六一)は経済学者。一九三七年、軍部や右翼教授らにより東大を追われるが、戦後に復帰、同大の総長となる。戦前の著作に『帝国主義下の台湾』がある。

# はじめに
## ――日米両国にとって沖縄とは何なのか

三〇数年間住んだ東京から、故郷・沖縄へ引っ越した二〇〇六年九月、米軍嘉手納航空隊基地に最新型パトリオット・ミサイル二四基が持ち込まれた。その翌月には、米軍準機関紙の『スターズ・アンド・ストライプス』が、最新型（次世代）戦闘攻撃機F22Aを一〇年以内に、世界でまず嘉手納基地に配備することを米空軍が検討していると報じた。最新型パトリオット・ミサイル（PAC3）は、地対空誘導弾で、沖縄配備は北朝鮮からのミサイル攻撃に対抗するために配備されるのだという。F22Aは、まだテスト中だが、レーダーに探知されにくいという特徴をもっており、予定の五四機が配備されれば現在のF15戦闘機にとって代わることになる。

おりしも小泉純一郎に代わって新首相に就任したばかりの安倍晋三は、在日米軍再編について、「抑止力を維持しつつ、負担を軽減する（ための）もの」と説明した。しかし沖縄について言えば、どうやら「抑止力（基地機能）を強化する」ための再編らしい。

沖縄では、本島中南部の米軍基地の閉鎖や海兵隊員とその家族のグアム移転が取りざたされる一方で、テロ対策のための都市型戦闘訓練施設の建設、普天間海兵隊飛行場の辺野古《へのこ》（本島北部太平洋沿岸）移設計画、新型パトリオット・ミサイル配備とそれにともなう米軍増員計画、ヤンバルの森にある東村高江区で進んでいるヘリパッド群建設計画、日米合同訓練、下地《しもじ》空港（宮古島）への米軍機着陸など、「負担軽減」より「基地機能強化」の印象が強い。

本書は、こうした動きの土台となっているもの、具体的には日本における「沖縄の地位」を検証しようというものである。

沖縄の歴史や米軍基地に関する本は多いが、本書では、日本本土と沖縄の「温度差」と称されるものの実体を、軍事評論家、歴代の首相、首相補佐官をつとめた外交コンサルタント、沖縄駐在の外務省や防衛施設庁の官僚たちの発言を踏まえ、また日米地位協定や「思いやり予算」が沖縄に投げかける影の部分を追いつつ、沖縄がれっきとした独立国・日本の一部でありながら、米国の「軍事植民地」のままになっていることを明らかにしようとするものだ。

沖縄が米国の「軍事植民地」であるならば、日本政府と日本国民は、なぜそれを容認しているのか。政府や官僚たちの発言からは、「日本本土」を防衛するためには沖縄に米軍と「共存」してもらうほかない、という構図が見てとれる。日本そのものが米国の軍事植民地ではないか、という疑いさえ抱かせる。

日本政府は、沖縄を米国の「軍事植民地」にしたまま、日米関係が「共通の価値観」によって結ばれていると主張する。しかし両国には、歴史的、民族的、文化的に大きな違いがある。日本語が話せる、あるいは日本についてよく理解しているアメリカ人はきわめて少ないし、外交・軍事政策や移民政策などについて米国と価値観を共有していると真に確信している日本人も少ないだろう。

米国は対日戦争の戦勝国→占領国として、日本は敗戦国→被占領国としての歴史を意識の底に残しており、しかも一方は世界に冠たる軍事超大国である。両国は対等な関係にはなり得ない。そのことも、両国（あるいは両国民）が価値観を共有するのを阻害する。

世界で初めて原爆を投下して、一般市民に何万という爆死者だけでなく後遺症患者を生み、太平洋で核実験を行って日本の漁夫を含め多くの人々に被害を与え、ベトナム戦争では枯葉剤を散布し、アフガニスタンやイラクでクラスター爆弾や劣化ウラン弾を使用した米国。その国の価値観を、日本も共有するのだろうか。

米国が「民主主義のショーウィンドー」と称しながら、四半世紀にわたって非民主的で抑圧的な軍事優先占領を続けた沖縄では、米国の矛盾にとりわけ敏感だ。自由と平等と国民主権を建国の精神とする国が、外国に対してはこうした精神を否定する行動をとる。日本が米国と価値観を共有するといっても、共有するその価値観は、沖縄では見えない。

日米安全保障条約を日本の安全にとって不可欠だととらえる政府や評論家たちにとって、沖縄はかつては東西冷戦により、近年は反米テロリズムの温床と見なされる「不安定の弧」の登場により、米国にとって軍事的要衝とされてきた。政府や評論家たちは、そうした沖縄に「同情」を示し、あるいは基地の「整理縮小の必要性」を説きながら、日米安全保障条約を絶対視する立場から、在沖米軍の基地の重要性――住民の基地との共存――を肯定・強調し続けてきた。

しかし、日本が沖縄を米国の――というより日米両国の――「軍事植民地」にしつづけているのは、沖縄の「地理的条件」によるというより、日本の沖縄観によるところが大きい。

米軍基地が集中している沖縄本島はわずかに一二〇〇平方キロ（神奈川県のほぼ半分）の面積しかなく、人口も中南部を中心に密集している。また、沖縄と似た「地理的条件」なら、グアムやフィリピン、そして日本の多くの県や島など、随所に見つけることができる。おまけに沖縄は毎年きまって台風に襲われ、米軍の訓練にも支障が生じる。

米国が沖縄を絶対に動かせない軍事的要衝としているのは、日本政府の容認（協調）という政治的条件によるものに過ぎない。

「撤退したら軍事的空白が生まれる」と言っていたフィリッピンから、米軍は一九九一年に撤退し、米海軍が「戦略上不可欠」と呼んでいたプエルトリコ（米国自治領）の離島ビエケス、そしてプエルトリコ本島から二〇〇三年に撤退を開始したのは、「戦略的」とか「地政的」というのが、政治的意思により容易に変わりうることを示している。

小泉前首相が普天間基地の移設について本土の地方自治体に打診した（が断られた）というのも、また沖縄から海兵隊の一部が退去してグアムに移るというのも、米軍の沖縄駐留の「必然性」を否定している。米朝関係、米中関係の変化によって、沖縄基地が不要になる可能性も現実にあり得る。

そもそも、日本がその安全保障のために米軍基地を必要とするというなら、政治・経済・文化の中心である東京やその周辺に移すべきであろう。実際に、米国は首都ワシントンの周辺に強大な基地を配している。米国のように、「敵」の攻撃に対応しやすい本土の沿岸や都市部に近い地帯に基地を配備した方が、戦略的な効力をもつ。南の果てに位置する沖縄の米軍基地は、日本本土防衛に役立つどころか、中国や台湾に近いゆえに地域的緊張の原因にさえなり得る。日本政府の官僚たちが賛美してやまない米軍の「良き隣人プログラム」（本書一三〇ページ以下参照）も、東京などの大都市でより大きな効果を発揮するだろう。

「軍事植民地」というタイトルに違和感を覚える読者もいるだろう。しかし、在沖米軍基地やそれを中心とするフェンスの向こうの「リトル・アメリカ」、米軍と軍人・軍属およびその家族を守る日米地位協定、莫大な「思いやり予算」、一部地主や市町村の基地収入依存体質、米軍の「良き隣人プログラム」、そしてそうした現状をつくってきた日本政府のあり方を検討すれば、在日米軍の大半をになっている沖縄を「軍事植民地」と呼ぶのは的外れではあるまい。本書執筆の意図は沖縄戦終了から現在に至るまでこのような状況に置かれてきた沖縄からの、日本政府と国民に対する苦情であると同時に、自分自身のこととして沖縄の歴史や現状を見てほしいという願いである。

目次

# 第Ⅰ部　「軍事植民地」六〇年の歴史

第Ⅰ・Ⅱ・Ⅲ部とびら写真　石川真生
装丁　商業デザインセンター・松田礼一

第Ⅰ部

# 「軍事植民地」60年の歴史

■04年8月13日、沖縄国際大学構内への大型ヘリ墜落現場を、米軍はただちに占拠、立ち入り禁止とした。

## 1 「沖縄の連中はいい加減にせい」と言う軍事アナリスト

「この間も岩国で講演したのですが、『沖縄の連中はいい加減にせい』という声が出ているんです。『反対しか言わないのだったら、自分たちで解決策を示せ。それもできないのなら、野垂れ死にしろ』と、そこまでの声が出ている。だんだん怒り始めているのです。沖縄の側としても、反対を叫ぶだけでかたがつくのであったら、戦後五一年間でかたはついているわけですから、やはりそれなりの手順を踏むということで、皆で知恵を出し合っていかなければいけないわけでしょう。だんだん本土側がいらだってきているのです」

軍事アナリストの小川和久が一九九六年一一月、東海大学平和戦略国際研究所主催研究討論会「今後の沖縄米軍基地と日米関係」で語ったことである（同研究所発行 Human Security,N0.1,1996,三三九頁）。

この討論会の前年、沖縄では小学六年生の少女が米兵三人に暴行された。米軍が日米地位協定をタテに起訴前の犯人引き渡しを拒んだため、それまで鬱積《うっせき》していた不満や怒りが大抗議集会につながり、あわてた日米両政府は、翌九六年四月、在沖米軍基地の整理縮小を盛り込んだ日米特別行動委員会（ＳＡＣＯ）最終報告をまとめた。

そうした中でのこの小川の発言である。[*] 小川は、「沖縄の連中はいい加減にせい」とか「反対しか言わないのだったら、自分たちで解決策を示せ」という言葉を、あたかも岩国の講演会の参加者、あるいは「本土側」の声として伝えているが、よく読むと、小川が自分自身の本音を吐露していることが推察できる。

＊小川の「沖縄はいい加減にせい」発言から一〇年後の二〇〇六年三月、周辺町村との合併を控えた岩国市では、日米間で計画された厚木基地（神奈川県）からの米空母艦載機の移転を受け入れるかどうかをめぐって住民投票が行われ、投票者（四万九六八二人。有権者の五八・六八％）の圧倒的多数（四万三四三三人。八九％）が反対を表明した。艦載機のＮＬＰ（夜間離着陸訓練）や低空飛行訓練による騒音や危険と、岩国が米軍の長期的な前方展開基地になるのを恐れての反対だったと思われる。いわゆる日本本土の「沖縄化」に反発したのである。政府・与党は、防衛は国の専管事項だとして、住民投票の結果を無視してでも日米合意を優先させる姿勢を示した。

小川は、軍事アナリストとして、何度も沖縄に足を運び、米軍関係者だけでなく、沖縄住民とも話をしており、当然ながら沖縄の現代史にも通じているはずである。九六年二月に出版した『ヤマトンチュの大罪』(小学館)では、「戦後の日本人(ヤマトンチュ)」は「日米安保条約のツケを沖縄に回してきた」「日本の国際的評価を貶《おとし》めてきた」「世界平和のために平和主義を貫けなかった」と三つの「大罪」を犯してきたようだ、と書いた。その中で、米兵による少女暴行事件などを例に「沖縄の悲劇」に深い同情を示している。悲劇を打開する唯一の途《みち》は、在沖米軍基地の整理縮小だとも主張した。

その小川が、それからわずか九カ月後に、基地反対――とりわけ少女暴行後――を叫ぶ沖縄に対して、第三者(?)の口を借りて「自分たちで解決策を示せ。それもできないのなら、野垂れ死にしろ」と言い放ち、「本土側がいらだってきている」と評する。

沖縄住民は、はたして、基地反対を叫ぶだけで、解決策を示してこなかったのだろうか。いや、そもそも日本政府が押しつけた問題に「解決策」を示すのは、沖縄住民の責任だろうか。「解決策」を示したら、日本政府は沖縄の声に耳を傾けるだろうか。

どのようなことをした(あるいはしなかった)から、同じ日本人である本土の人々をいらだたせ、これらの人々から「野垂れ死にしろ」と言われなければならないのか。たんに、自分たちのところに米軍基地を持ってくるな、と言っているだけではないか。

かつて沖縄戦で海軍部隊の司令官・大田実中将が、海軍壕内の司令部から、「沖縄県民斯《か》く戦へり。県民に対し後世特別の御高配を賜《たまわ》らんことを」と海軍次官宛てに送ったほどの犠牲を被《こうむ》り、その犠牲も癒えぬままに米軍の統治下に入り、現在に至るまで米軍基地としての苦衷を味わっている沖縄。

しかし、日米安保体制こそ重要だと位置づける側からすれば、米軍基地の駐留に異議申し立てをする沖縄は、許しがたい。自らは安全地帯にいる人々からの「沖縄バッシング（叩き）」が、始まっている。「アメとムチ」の「アメ」（高い軍用地代、豪華な市民ホール、島中にはりめぐらされた観光道路など）に目を奪われて、その声は、戦争や沖縄の実態を知らない人々が増えるにつれ、ますます高まるに違いない。

そこで、沖縄の戦後史を振り返ってみよう。沖縄住民の意思がいかに無視され続けてきたかが、よく分かるはずだ。

### ✴無視される沖縄

二〇〇四年一月に『琉球新報』が日米地位協定に関する外務省機密文書を開示した際のことを、同社はこう述べている。

「本土メディアからは後追いされなかった。残念ながら期待した沖縄の地元メディアの報道参加もなかった。報道の上では『孤立無援の戦い』の中で、地位協定改定キャンペーンは続くことになった」

少なくとも沖縄では、競争紙は協力しなくても、『新報』の報道が県庁をはじめ各所で大きな話題になった。しかし、本土メディアが無視したのは、「温度差」という言葉だけでは表せない、日本人としての一体感（共感）の欠如を示していた、としか考えられない。メディアは北朝鮮による日本人拉致の問題は連日とりあげても、あるいは海外での津波や航空機墜落事故による日本人被害者については大きく報道しても、沖縄住民を苦しめ続ける日米地位協定の「不条理」には関心を払わなかったのである。沖縄の風物には興味があっても、米軍基地が提起する問題（日本全体の問題）には目をそむける。コマーシャリズムに堕したメディアは、ジャーナリズムを捨ててポピュリズムを選ぶようになってしまった。テレビについていえば、内容が複雑でしかも自らにかかわりのない日米地位協定問題では、視聴率がとれないからであろう。

二〇〇四年八月に米軍輸送ヘリコプターが沖縄国際大学構内に墜落して沖縄中が騒然となった大事件も、本土の新聞やテレビではプロ野球騒動やアテネ・オリンピックの陰に隠れていた。小泉首相は、休暇中の観劇を理由に、沖縄県知事と会おうともしなかった。小泉は、〇五年六月二三日（沖縄慰霊の日）に、普天間飛行場の移設について、「総論賛成、各論反対。自分のところには来てくれるな、という地域ばかりだ」と述べて、国内の自治体の反対を理由に県内移設を容認した。なぜ他の自治体の反対は尊重するのに、沖縄の反対は無視するのか、多くの沖縄住民はそこに〃国家による差別〃を見る。

外務省が二〇〇六年二月に行った世論調査でも、「沖縄に米軍施設・区域が集中している現状に対して、どのような対策を講じる必要があると思いますか」という問いに、回答者の五四・九％が「沖縄の米軍施設・区域の規模を縮小する」と答えた一方で、「沖縄の米軍施設・区域を国内の他の地域へ移転する」という項目を選んだのは一一・九％に過ぎず、一一・八％は「現状で特に問題ない」、七・八％は「米軍の規模を維持し、一層の経済的優遇措置を実施する」という選択肢をとった。日米安全保障条約は日本全体——とりわけ人口や産業の集中地や「脅威」地域に対する戦略地点——の問題であるのに、「国内の他の地域へ移転」を提案したのはわずか一二％で、八〇％近くが沖縄内での縮小、現状維持、経済的措置による基地存続を支持している。大半の国民にとっては、まさに他人事である。

小泉に限らず、歴代の首相も、沖縄の負担軽減について「同情」こそ示すものの、国外または国内に移すという行動はとらなかった。二〇〇六年九月に首相に就任した安倍晋三も、「抑止力を維持しつつ」米軍の「負担を軽減する」方針だと述べた。

そうした調査結果や発言は、沖縄では問題視されても、本土のメディアが厳しく追及することはなかった。国内世論も小泉が述べたとおりであったから、政府は県外移設に積極的に取り組む必要性を感じなかったのだろう。

そもそも、沖縄が日本から切り離されたのは一九四五年である。米軍は沖縄を日本本土攻撃のための橋頭堡《きょうとうほ》（拠点）と位置づけて、沖縄戦開始と同時に南西諸島を占領下においた。

そのため、一九四六年に制定された日本国憲法は、これらの諸島と住民には適用されなかった。日本の法律や教科書から沖縄県は消え、沖縄住民が「日本国民」として基本的人権や自由を享受することもなかった。沖縄の「本土復帰運動」が平和や基本的人権の保障をかかげたこの憲法への憧憬に触発されたものであったことを考えると、沖縄を日米安全保障条約の要《かなめ》にすえる形で復帰が実現したのは、皮肉としか言いようがない。

一九四七年には、昭和天皇が宮内庁御用掛を通じて、米国よる琉球諸島の長期（「二五年ないし五〇年、あるいはそれ以上」）軍事占領を希望する旨のメッセージを米側に伝えた（いわゆる「天皇メッセージ」、一九四頁参照）。日本本土を「ロシアの脅威」から守るために、米軍の沖縄占領は必要だし、国民も賛同するだろう、というのが天皇の考えであった。沖縄にとってみれば、「皇土」を守るための「捨て石」として悲惨な戦場にされた上に、日本国民としての憲法の適用を受けず、かつて日本の主権者であった天皇から本土防衛のため切り捨てられ、日本を守るための日米安保の犠牲にされるという、二重三重の屈辱と悲惨を味わったのである。

## ✶米軍絶対の占領支配

米軍統治下の琉球住民は、「軍政府は猫で、沖縄はネズミである。猫の許す範囲内でしかネズミは遊べない」という海軍軍政府政治将校ジェームズ・ワトキンス少佐の言葉が言い表した状況におかれた。また米軍政府は、琉球はその地位が確定するまで「軍政府が琉球列島を統治する限りは恒久的民主政府も、完全なるデモクラシーも確立することは出来ない。……軍政府は（琉球列島）領域、その住民、並びに住民の所有している土地及び財産に対し、軍政を施行する上における最高の統治主体である」と述べ（「琉球における統治主体」、一九四八年五月）、奄美大島から八重山までの南西諸島をその絶対的な占領下においた。沖縄群島、奄美群島、宮古群島、八重山群島には臨時政府がおかれたが、民主的なのは形だけで、住民は軍政府の代行機関であるそれぞれの群島政府を通じて「軍司令官及び軍政府の政策、布告、指令ならびに命令」に服従させられた。

沖縄を占領した米国は、戦後も沖縄の恒久基地化を目指し、住民の了解や所有者への補償なしに土地を接収して嘉手納空軍基地その他の整備拡張に乗り出した。当時の沖縄を、『タイム』誌の東京支局長フランク・ギブニーは「沖縄——忘れられた島（"Okinawa: Forgotten Island"）」という記事（一九四九年一一月二八日号）でこう描いた。

過去四カ年、貧しい上に台風におそわれた沖縄は、（米）陸軍の人たちからは戦線の最後の宿営地点といわれ、司令官たちの中のある者は怠慢で仕事に非能率的であった。その軍紀は世界中の他の米駐留軍のどれよりも悪く、その一万五〇〇〇の沖縄駐屯米軍部隊が絶望的貧困の中に暮らしている六〇万の住民を統治してきた。

……米国は沖縄人を非解放民族だと言ってはいるが、米軍は占領中、時に日本がしたのよりも厳しく沖縄人を取り扱った。沖縄の戦闘は沖縄の農業及び水産業等の小規模な経済を完全に破壊した。すなわち米国のブルドーザーは沖縄人が一世紀以上も骨身を惜しまずにつくった丘陵の畑をわずか数分間でふみつぶした。

一九五〇年一二月には、米極東軍総司令部が「軍事的必要の許す範囲において、住民の経済的・社会的福祉の増進を図る」ため、極東軍総司令官を琉球民政長官、琉球軍司令官を民政副長官とする「琉球列島米国民政府」を設立した（「スキャップ指令」）。「軍事的必要の許す範囲内において」あるいは「軍事占領に支障を来《きた》さない限り」といった文言が示すように、米軍の利益を最優先する統治であった。琉球列島米国民政府（ユスカー）は、これまでの琉球列島軍政府の布告、布令、指令、命令にしたがって琉球列島を統治することになったのである。「民主化」という大きな目標を掲げた米国の対日占領政策とは明らかに異なっていた。

## ✴沖縄を切り捨てた対日平和条約第三条

一九五一年に予定されたサンフランシスコ講和会議を控えて、沖縄では日本復帰実現へ向けた声が高まった。沖縄群島議会が、五一年九月三日、吉田茂日本全権とジョン・フォスター・ダレス米国政府特使（国務省顧問）に、沖縄復帰を希望する群島有権者七〇％以上の署名簿と、復帰実現を要望する陳情電報を送ったのは、そうした動きを代表するものであった。*日本復帰期成会も、ダレスに、「講和条約発効と同時に、北緯二九度以南の奄美大島、沖縄諸島及び小笠原へ、米合衆国の軍事関係以外は、日本統治権行使を許されたし」「これ等諸島住民に、日本国籍を保有せしめ、日本憲法の保障する基本的人権の享有、自由及び権利の保持（など）……固有の国民的権利を許与されたし」との陳情書を送った。

*日本復帰期成会などが得た沖縄群島有権者の七二％の署名を添えた電文には、これは「沖縄全住民の平和と幸福が祖国日本に復帰することによってのみ得られるという熱願の事実を証明するものである」と記されていた。

しかし、住民のこうした「熱願」は無視された。五一年九月八日に署名され、五二年四月二八日に発効した対日平和条約は、その第三条で、琉球列島に対する行政・立法・司法権を米国政府に委ねると規定したのである。米国が、「合衆国を唯一の施政権者とする信託統治制度の下におく」

と国際連合に提案し、それが可決するまでの統治、という条件がつけられていたが、米国が琉球の信託統治を国連に提案する可能性はなかったし、実際に提案することもなかった。日本には琉球に対する「潜在主権」は残されたが、その「潜在主権」を行使することはなく、その後二〇年間にわたって、琉球は米国の占領地として軍事目的に使われたのである。

米国（琉球列島民政副長官）は、平和条約の発効（一九五二年四月二八日）を待たずに、五二年四月一日付けの布令一三号で琉球政府を設立した。「琉球住民に告げる」という言葉で始まるこの布告は、「琉球政府は琉球における政治の全権を行うことができる」と規定しながら、そのすぐ後に「ただし、琉球列島米国民政府の布告、布令及び指令に従う」と述べたように、明らかに植民地占領法であった。立法権は「琉球住民」が選挙する立法院に属することになったが、立法院が選出するはずの行政主席も*、司法権を行使する上訴裁判所の判事も、琉球列島民政副長官が任命した。しかも、この民政副長官には、琉球政府が制定した法令の施行を「拒否し、禁止し、又は停止し」、さらには「自ら適当と認める法令規則の公布を命じ……琉球における全権限……を行使する権利を留保」した。琉球政府は、独自に日本を含む「外国」との外交事務を扱うことも禁じられた。

＊立法院は、五三年一月、行政主席を公選するための選挙法を制定したが、民政副長官はそれが施行される前に布令で同法が定めた選挙期日の「無効」を宣言した。主席公選が実現したのは、それから十数年後、日本復帰が決まってからのことである。

日本政府は、米国の方針を平和条約第三条にそったものと考えたのか、異議申し立てはしなかった。それどころか、東西冷戦が深まる中で、日米安全保障条約が対日平和条約とセットで交渉・調印され、五二年に発効した。米国は、同時期に、オーストラリアおよびニュージーランドとアンザス条約、フィリピンと相互防衛協定、韓国と相互防衛条約を締結している。

ここで、一九五三年二月の衆議院外務委員会における興味深い議論を紹介しておこう。改進党の並木芳雄議員から、「アメリカは何もあそこ（注・沖縄）で行政、司法、立法の三権を掌握しなくていいはずなのです。……アメリカとしては、沖縄などについては軍事的な基地、拠点をさえ確保していれば、目的が足りるものと思う」として、沖縄を日本の主権が及ぶ領土として日米安全保障条約に含めたらどうかという質問がなされた。これに対し、下田武三・外務省条約局長（のちの駐米大使）は、平和条約第三条の規定を前提に、次のような見解を示した。

沖縄、南西諸島の帰属についてああいう解決を見ました理由は、一つには、米国の戦略的要求を満足せしめるという観点と、もう一つは、かつて日本帝国が南進の基地としてあの方面の島々を利用した、従って再び日本の南進足場となることを防ごうという観点もあったことは、これは争えない歴史的な事実であると思うのであります。……現実の国際情勢は遺憾ながら平和条約締結当時数か国（注・オーストラリアなど）が示した不信の念は、いまだ完全に払拭されていないというのが、事実であろうと思います。

米国が沖縄を軍事基地にしているのは、その戦略上の理由だけでなく、日本における軍国主義の復活を懸念していたからだというのである。米国にとって日本そのものが極東における潜在的脅威のひとつとなっており、米国は対日不信感ゆえに沖縄基地を必要とした、という見解である。米国の沖縄軍事占領を招いたのは日本だった、ということになる！

一九五三年七月に朝鮮半島で休戦協定が調印されるなどの動きはあったものの、朝鮮半島だけでなく、インドネシア、ベトナム、ラオス、カンボジアなどでの情勢は不安定で、また中ソが関係を親密化していた。五三年八月には、ソ連が水爆保有を公表し、東西冷戦は激化の様相を見せた。

## ✴アイゼンハワーの沖縄基地「無期限保持」表明

そうした中で、一九五三年一二月、ダレス国務長官が「極東において脅威及び緊張の状態が存続する間」、米国は琉球諸島を管理すると発表したのに続いて、五四年一月にはアイゼンハワー大統領が、「共産主義の脅威」を理由に、年頭教書で沖縄基地の無期限保持を表明した。米国は沖縄をグアムやアラスカなどとともに核基地と位置づけた。そして中国が金門《きんもん》・馬祖《ばそ》を攻撃するなど台湾海峡で緊張が高まる中、万一の場合の中国に対する核兵器使用計画を立てたアイゼンハワー政権は、五四年一二月、沖縄に核兵器を配備し、台湾海峡に核装備した航空母艦「ミッドウェイ」を派遣した（Robert S. Norris, William M. Arkin and William Burr, "Where they were," Bulletin of the Atomic Scientists, vol. 55, no. 06 (November/December 1999), pp. 26-35)。

沖縄では「基地工事ブーム」が起こる一方、米国軍政が人々を圧迫していた。『朝日新聞』が、「米軍の『沖縄民政を衝《つ》く』」として、「農地を強制借上げ」「煙草も買えぬ地代」「労賃にも人種差別」「踏みにじる民主主義、日本復帰にも圧迫」といった見出しで沖縄の状況を大きく報道したのは、一九五五年一月のことである。しかし日本政府は、こうした問題を「米軍の管理権に基づく内政問題」として取り合わなかった。

米国民政府は、五五年三月、これまでの軍政府布令第一号「刑法並びに訴訟手続法典」（一九四九年六月公布）に代わる布令一四四号「刑法並びに訴訟手続法典」（新集成刑法）を公布した。これは、「合衆国軍隊に対して武器をおびる者」「合衆国政府、民政府又は琉球政府を武力をもって転覆することを主張する勢力もしくは組織に雇われ、又はその利益のために偵察行為もしくは破壊行為に従事する者」「合衆国軍隊要員である婦女を強姦し又は強姦する意思をもってこれに暴行を加えた者」などは「死刑又は民政府裁判所の命ずる他の刑に処する」といった文言が示すように、米軍優先の植民地法ともいうべきものであった。琉球列島への出入は米国民政府に管理され、日の丸など「合衆国以外の国旗」を政府庁舎で掲揚し、政治的な集会や行進で使用することも禁じた。

### ✴プライス勧告と島ぐるみ闘争

沖縄のこうした状況に対して、当時の鳩山一郎首相は「沖縄について日本が持っておる主権といえば、領土権だろうと思います。施政権、統治権、立法権、行政権は持っておりませんが、とにかく領土権だけは日本にあるということになっておると思っております」（五五年五月七日）と述べた。沖縄は米国の施政権下におかれているが、日本領であることに変わりはない、という意味だろう。日本領であるならば、たとえば日本が防衛権をもち、住民は日本国民でなければならない。しかし、日本の主権は沖縄には及ばず、したがって日本国憲法も沖縄住民に適用されなかった。鳩山首相の発言は実態とかけ離れていた。

この年（一九五五年）一〇月には、米下院軍事委員会特別分科委員会の調査団（団長の名にちなんで「プライス委員会」）が沖縄を訪れ、五六年六月に視察結果を発表した。五三年のダレス発言（「極東において脅威及び緊張の状態が存続する間は……〔米国の諸権限を〕琉球列島において引き続き行使する」）を基本にして報告をまとめた視察団は、米国が「非常に長い期間沖縄に駐留することになろう」という前提に立って、「将来無期限にわたって必要と考えられるこれら諸資産」に対して「永代借地権」を確保すべきだ、と議会に勧告した(プライス勧告)。

日本政府への琉球政府立法院の要請決議によれば、これにより、米国は「沖縄全住民の意思に反して、軍用地代の一括全額支払いならびに新規接収を決定することが明らかになった」。「軍用地問題が、沖縄住民の最重要問題である」との認識の下に、(イ)適正地料、(ロ)地料の毎年払い、(ハ)新規接収反対、(ニ)損害の賠償という原則(注・立法院が五四年の決議で採択した「四原則」)を「最低の要求」として米国政府に訴えてきた五者協議会(行政府、立法院、軍用土地連合会、市町村長会、市町村議会議長会で構成)は、プライス勧告を「われわれの意に反したもの」と批判した。プライス勧告には「(米国の)フェアプレーの伝統」とか「(沖縄は)最も正確な意味で民主主義の『ショーウィンドー』」という言葉が盛り込まれていた。しかし、五者協議会によれば、勧告に記されている「公平」は「米国市民の立場にたつものであって、われわれ琉球住民のことを考慮に容れていない」。米国では土地は交換価値をもつ資産として扱われるが、沖縄では先祖から受け継ぎ、子孫に引き渡すべきものであるとして、思想の相違も指摘した。五者協議会は、また、米国はすでに琉球の陸地の一三%を軍用地として使用しており、新規接収地を含めると合計二五%に達すると述べて、軍用地がいかに住民の生活を圧迫するものであるかを強調した。

プライス勧告への反対は、これまでの米軍施政や多発する基地関連の事件・事故への不満と重なって、戦後最大の大衆運動(「島ぐるみ闘争」)に発展した。大阪、兵庫、愛知、東京などでも抗議集会が開かれ、日本社会党、日本共産党、自民党も運動を支持する声明や談話を発表した。

法務省は、沖縄住民の要求を支持する異例の見解を発表した。沖縄住民は「日本国民」であり、ことは全住民の「生存権」に関わるという立場に立って、米国が住民に「不当な待遇を与えたとすれば……日本国政府は、在外国民に対する保護権にもとづいて、合衆国政府の当該施策に対して干渉する権利を有する」というのである。「合衆国の施政は、平和回復後の今日においてもなお実質的には軍政なのであって、法務省としても在米日本国民に対するよりもより以上の重大な関心をもって沖縄の住民の保護の責に任じなければならない」という見解は、あれから五〇年たった今日でさえ、沖縄の人々には感慨深く響くだろう。

## ✴沖縄の帝王・高等弁務官の登場

しかし、外務省などの考え方は違っていた。『毎日新聞』（一九五六年七月二日）によれば、対日平和条約第三条により米国が沖縄の施政権を握っている以上、「沖縄住民は日本国籍をもっているといっても名目的なものにすぎない」というのが外務省の考えだった。また、外交保護権も、「在外日本国民の権利侵害につき国家が損害救済を求めるような場合に発動されるのが通説」だとして、永代借地権がまだ実施されていない時点で発動するのは「実益がない」と判断していた。

法務省は「法律論」として事態を論じ、外務省は「友好関係」の観点から対米交渉を進めたい、という態度であった。「また対米折衝を行う場合、基地の撤収とかプライス報告の否認とかの極端なものを求めず、(地代の)一括払いを毎年払いにし、借地料を値上げし、やむをえない新規接収については、住民の利益のため米国に十分な配慮を求めるという経済的観点に重点がおかれている」というのが外務省だった。この報道通りだったとすれば、現在に通じる外務省のハレモノにさわるような対米外交姿勢が、当時すでに濃厚だったことが読み取れる。

このときの軍用地問題は、アメリカ自由人権協会の支援、沖縄代表団の米国政府への直接陳情、主席や立法院議員の総辞職表明などが示した琉球政府の強硬な抵抗などにより、一九五八年一一月、米国防省が譲歩する形でようやく解決した。米側と実際に交渉したのは琉球政府の主席や立法院、土地連合会、市町村長会、市町村会議長会の代表であった。日本政府の藤山外相は同年四月、マッカーサー駐日米国大使に一括払いの停止などを申し入れたといわれるが、日本政府の意向がどの程度反映されたかは不明である。

一九五七年には、アイゼンハワー大統領が行政命令を公布して、従来の琉球軍司令官兼琉球民政副長官を高等弁務官(ハイコミッショナー)に変え、これまでの布告、布令、指令などを正式のものとした。これは、対日平和条約第三条にもとづく琉球に対する米国の行政・立法・司法権——すなわち軍事優先の諸権限——の行使を国防長官代行の高等弁務官(中将)に委任するもので、内容的には軍政府時代の統治を踏襲しつつ、米国が正式の「琉球憲法」を制定した形になった。

高等弁務官は、琉球大学の大田昌秀教授（のちの沖縄県知事）が「沖縄の帝王」と呼んだほどの絶大な権限を持っていた。自治権拡大と日本復帰を期待する沖縄住民にとっては、米国統治の固定化と言えるものであったが、*日本政府は「沖縄の最高行政官の名称が変わるという以外に実質的な変化はない」と傍観的な態度をとった。

＊米国務省北東アジア問題担当者は、沖縄の復帰運動を高揚させ、完全支配という米国の目的を損ねかねないとして、行政命令の公表に反対した。行政命令は「民主主義と自治を装っているものの、よく見ると、単なる妄想になる」からだというのである（一九五七年五月二四日付メモ）。

「総理大臣は、琉球及び小笠原諸島に対する施政権の日本への返還についての日本国民の強い希望を強調した」。岸（信介）首相は、一九五七年にアイゼンハワー大統領を訪問した際、こう述べた（六月二一日の共同発表）。一方、「大統領は、日本がこれらの諸島に対する潜在的主権を有するという合衆国の立場を再確認した」ものの、「大統領は、脅威と緊張の状態が極東に存在する限り、合衆国はその現在の状態を維持する必要を認めるであろうと指摘した」という。岸が「日本国民の強い希望を強調した」のに対し、アイゼンハワー大統領は極東の「脅威と緊張」を理由にその「希望」をあっさりと拒絶したのである。岸はそれ以上要求することなく、むしろ米軍に土地を接収された農民のために海外移住計画を大統領に提案した。これが、沖縄住民の本土復帰への切望に対する日本国首相のひとつの解決法だったのである。

その後、一九六二年にはケネディ大統領が「琉球諸島が日本本土の一部であることを認めるもので、自由世界の安全保障上の利益が、琉球諸島を日本国の完全な主権の下へ復帰せしめることを許す日を待望している」との声明を発表した。これについて、当時の池田（勇人）内閣の大平内閣官房長官は「沖縄同胞が日本国民であり、沖縄が日本本土の一部であることを率直に認め、沖縄がやがてわが国の完全なる主権の下に復帰する日に備えて、日本と密接に協力して沖縄問題に対処するとの米国の意図を明らかにした」として歓迎の意を表した。しかし、在沖米軍基地がいかに重要であり、沖縄の日本復帰が極東の緊張緩和にかかっているという大統領の発言には触れなかった。

沖縄の復帰要求が大きく進展したのは、佐藤栄作の首相就任以降であるが、その交渉の中でも依然として沖縄が「自由世界の安全保障」のための要《かなめ》石として据えられ、日本政府がそれを容認する形で米国と交渉したことが明白である。日本政府は、戦争で米国に占領された沖縄とその住民を、他の都道府県、他の日本人と同じ憲法の下に取り戻すことはなかった。

## ✴佐藤首相の沖縄訪問

一九六五年一月、佐藤首相とリンドン・B・ジョンソン大統領がワシントンで発表した共同声明によれば、「（両者は）琉球及び小笠原諸島における米国の軍事施設が極東の安全のため重要であることを認めた」。その上で、「総理大臣は、これらの諸島の施政権ができるだけ早い機会に日本へ返還されるようにとの願望を表明し、さらに、琉球諸島の住民の自治の拡大及び福祉の一層の向上に対し深い関心を表明した。大統領は、施政権返還に対する日本の政府及び国民の願望に対して理解を示し、極東における自由世界の安全保障上の利益が、この願望の実現を許す日を待望していると述べた」。ここでも、日米合意により強調されているのは、「極東の安全」を守るための在沖米軍基地の重要性である。

その年の八月、佐藤首相は、戦後日本の首相としては初めて沖縄を訪問し、那覇空港でこう挨拶した。

かねてより熱望しておりました沖縄訪問がここに実現し、ようやくみなさんと親しくお目にかかることができました。感慨まことに胸せまる思いであります。沖縄が本土から分れて二十年、私たち国民は沖縄九十万のみなさんのことを片時たりとも忘れたことはありません。本土一億国民は、みなさんの長い間のご労苦に対し、深い尊敬と感謝の念をささげるものであります。私は沖縄の祖国復帰が実現しない限り、わが国にとつて「戦後」が終っていないことをよく承知しております。これはまた日本国民すべての気持でもあります。

この挨拶には、今に通じる明らかなウソが含まれていた。まず、「私たち国民は沖縄九十万のみなさんを片時も忘れたことはありません」「本土一億国民が深い尊敬と感謝の念をささげる」「日本国民すべての気持でもあります」というのは、沖縄戦以来、「祖国」から忘れられ、放置されてきた沖縄住民にとって、しらじらしく響く言葉でしかなかった。第二に、沖縄住民の願いは米軍基地の撤廃——少なくとも憲法の下における他の日本国民と同等の地位の獲得——であったのに、基地はそのまま残され、「祖国復帰」によって沖縄の「戦後」が終わることはなかった。それは、台湾海峡の緊張が緩和されようと、ベトナム戦争が終わろうと、東西冷戦が終結しようと、変わらなかった。

## ✴無視された沖縄の要請

沖縄県民を代表する琉球政府立法院が、一九六七年一一月、次の決議を採択したのは、当然であった。かなり長いが、当時の住民の意思を率直に代弁していると思われるので、引用しよう。

日本国憲法の下に日本の一県として、また日本国民として等しく政治の恩恵を享受すべき沖縄県民が実に二十二ケ年余の長期にわたり祖国から分離され、異民族の統治の下、特殊な制約を受け、犠牲と負担を強いられていることは、百万県民にとって堪え難い苦痛である。このような統治の継続はもはや容認できるものではない。

当院は、県民の総意を代表してこれまで幾たびとなく祖国復帰の要請を議決して訴え、また国会及び各地方議会も同趣旨の決議を行ない、全国民の意思は表明し尽されているにもかかわらず政府としてその実現に関し積極的な措置がなされていないことは、誠に遺憾であり、われわれの強く不満とするところである。

佐藤総理大臣は、一九六五年八月沖縄訪問の際「沖縄の復帰なくして日本の戦後は終わらない」と発表したが、二ケ年余の今日、国民世論は高まりながらも政府としての態度は依然として低迷し、何等の具体的進展をみないことにわれわれは強い不信とふんまんを感ずるものであり、政府のこのような態度に対し訪米の成果を危ぶみ、阻止の意見の出るのも当然なことである。

戦争の結果不合理不自然な地位におかれた沖縄を正常に戻すことを米国に強く要求し、国連憲章の基本原則である主権平等・国際正義の理念に徹し、国際道義に立脚して沖縄の施政権返還を実現することは、政府にとってもっとも緊急を要する重要課題であるとわれわれは確信する。

よって佐藤総理大臣は、訪米の機会に沖縄の施政権返還に関し次の基本線に立って対米折衝に当たられるよう強く要求するものである。

一　施政権返還の時期を明確にすること。いかなる理由があるにせよ、これ以上米国による沖縄統治を継続させてはならない。従って施政権の返還はおそくとも一九七〇年四月までに完全になされるよう確約づけられるべきである。

二　沖縄の施政権返還の意味するものは民主的平和憲法の下に他の都道府県と差別なき平等の地位に沖縄を回復する全面返還である。従って核つき返還、基地の自由使用を認める等沖縄が他の府県と異なる特殊の負担や制約を受けるものであってはならない。

三　施政権返還に際し、基地の現状を是認し、或はその代償条件として新たな禍根をつくる措置があってはならない。

われわれは、安全保障に名をかりて返還を遅延し、或は国民の当然にして至当の要求をゆがめ、又は何等かの拘束や負担を新たに加えることを強く排撃するものである。

しかしこの痛切な立法院の要請は無視され、今日にいたるまで「禍根」を残す結果となった。佐藤首相とニクソン大統領は一九六九年一一月、一九七二年中に「沖縄を正常な姿に復する」、すなわち沖縄復帰を実現することに合意したものの、それは「日米両国の共通の安全保障上の利益」を損なわないという条件つきの復帰でしかなかった。

事実、七一年六月一七日に日米間で結ばれた協定により、米国は琉球諸島と大東諸島に対する行政・立法・司法上のすべての権限を放棄し、その権限を日本に返還することになったものの、日本は一九六〇年に改定された日米安全保障条約にしたがい、「琉球諸島および大東諸島における施設及び区域の使用を許す」ことになった。またしても、沖縄は日本の安全保障と経済的発展の犠牲にされたのである。

したがって、屋良朝苗《やらちょうびょう》琉球行政主席（のち知事に選出）が、協定を「民族的宿願」の「達成」として佐藤首相などの努力に「敬意」を表しはしたものの、次のように不満を述べたのは、当然であった。

県民の立場からみた場合、私は協定の内容には満足するものではありません。平和条約第三条に基づき施政権が米国に委《ゆだ》ねられたことにより、沖縄には米国の恣意《しい》のままに膨大かつ特殊な軍事基地が建設され、県民はたえずその不安にさらされてきました。私は沖縄が復帰するに当たっては、この基地にまつわる不安が解消されることを念願し、直ちにそれが全面的にはかなえられないにしても、基地の態ようが変わって県民の不安を大幅に軽減することを強く求めて参りました。

ところがこの協定は「沖縄にある米軍が重要な役割を果たしていることを認めた」一九六

九年一一月二一日の日米共同声明を基礎に返還を実施することをうたつております。「本土並み」といつても、那覇航空基地、与儀ガソリン貯蔵地、フィールエリア（注・那覇軍港車両集結地域）、本部《もとぶ》飛行場、その他一部が帰されるだけで、嘉手納空軍基地、海兵隊基地、ズケラン陸軍施設第二兵站《へいたん》部、那覇軍港、宜野湾《ぎのわん》・読谷《よみたん》飛行場等をはじめ主要基地はほとんどそのまま残り、さらにSR71や第7心理作戦部隊等本土にはない特殊部隊も撤去されず、暫定的とはいえVOAも存在するなど県民の切実な要望が反映されておりません。

私は基地の形式的な本土並みには不満を表明せざるを得ません。私は今後とも県民世論を背景にして基地の整理縮小を要求し続けます。核抜きについてはかなり明らかにはなったものの間接的表現に止まり明確な保障はなく、不安を残しております。対米請求権についても、復元補償につき米国が恩恵的支払いをする等の他はあらかた放棄されてしまいました。これについては国が責任をもつて補償する旨明確にすることを要請します。資産引継ぎも有償となり、それらはもともと県民に帰属すべきもので無償であるべきものとする県民の要求には沿っておりません。

「本土並み」には二つの意味があった。ひとつは在沖米軍基地にも日米安全保障条約が適用されるという、日本政府の考え、屋良の言う「形式的な本土並み」である。しかしこれでは、沖縄戦以来米軍占領のもとで土地を接収され、人権を奪われ、在日米軍基地の中でも大規模で特殊な役割をになう在沖米軍基地をかかえる沖縄の負担は軽減されない。

もうひとつは、沖縄における米軍基地の面積比や態様を他府県並みにする（基地を大幅に整理縮小する）という意味だ。核兵器の貯蔵や持ち込みが取りざたされる沖縄にも非核三原則が適用され、軍用機の騒音規制も米軍人・軍属の行動規制も、本土並みにきびしくし、米軍基地からの海外戦闘への参加も本土と同等に扱う。これが屋良の期待であった。沖縄を「本土並み」にするには、沖縄や沖縄住民に対する米国の財産損害や人権侵害などについても、日本政府はきちんと米国に賠償を求めるか、政府が「責任をもって補償」すべきであった。

このように、沖縄の「本土並み」という言葉には、「憲法の下で同じ日本人として扱って欲しい」という強い願いが込められていた。しかし、他府県と同じ扱いをという当然の要望さえかなえられず、沖縄は引き続き米軍基地の密集する島となった。沖縄の要求が、このようにして日本政府から曲げられ、あるいは無視されるという構図は、沖縄返還から三〇数年が経過した今日も基本的には変わっていない。施政権が米国から日本に移ることにより、それまでの「琉球人」は「沖縄県民」として日本国憲法の保護下に入り、また政府は社会的インフラの整備などには膨大な資金を投じたものの、米軍基地はほぼそのまま残された。

いっこうに進まない基地の整理縮小に業《ごう》を煮やして、やる気のない日本政府への不信感を募らせた西銘《にしめ》順治、大田昌秀、稲嶺恵一といった歴代の沖縄県知事は、外交と国防が国の専権事項であることを知りつつ、何度も米国政府に陳情した。とりわけ、一九九〇年から九八年まで知事の地位にあった大田は、対米陳情を繰り返しつつ、米軍用地強制使用の代理署名を拒否し、また基地の整理縮小を前提にした「国際都市形成構想」を発表した。しかし、日本政府はそうした大田に反発を強め、県への財政支援を凍結するなどして、選挙で大田を追い落とした。

佐藤、田中、三木、大平、中曽根、海部、村山、橋本、小渕、森、小泉……あらゆる首相が、沖縄の軍事負担に「同情」を示し、負担軽減を口にした。しかし、復帰後初めて大規模な基地の整理縮小を約束した一九九六年の日米特別行動委員会（ＳＡＣＯ）最終合意も、前年の米兵による小学生暴行事件とそれが火をつけた抗議運動がなければ、実現しなかっただろう。しかしそれも、事件や抗議に配慮したというより、日米安全保障条約を支える在沖米軍基地を堅持するための外交的調整、と考えた方がよい。しかも、普天間飛行場のように、合意の多くが県内移設という条件つきだったため、一〇年たった現在も達成されていない。

沖縄が「解決案」を示してこなかったというのはウソである。沖縄の要望や「解決案」は、このように、日米関係を重視し、日米安保にとって在沖米軍基地を不可欠と考える日本政府によって、ことごとく拒否されてきたのである。

## ✴沖縄への責任転嫁

これまで述べてきたような沖縄の戦後史を知った上で、小川を含む本土の人々は、なお沖縄住民に、「反対しか言わないのだったら、自分たちで解決策を示せ。それもできないのなら、野垂れ死にしろ」と言うのであろうか。小川は、普天間基地の県内移設を、日本が在沖米軍基地の整理縮小を米側と交渉するひとつのステップとして推奨する。「それを抜きにして（沖縄の基地問題解決は）前進できるのか」とさえ問う。こうして彼は、日本の責任を、沖縄の責任に転嫁するのである。

一九九四年に「沖縄は基地と共生・共存を」と述べて辞任に追い込まれた宝珠山《ほうしゆやま》防衛施設庁長官の発言こそ、日本政府そして大方の日本国民の偽らざる本音であろう。冒頭にあげた軍事アナリスト・小川の沖縄の戦後史と現状を無視した言葉も、同工異曲である。北朝鮮の核に対抗する迎撃ミサイルを、本土の主要都市からはるかに遠い沖縄に配備することの是非も、本土ではまったく論じられなかった。同じ日本人でありながら、対岸の火事そのものではないか。「臭いもの（戦争）」は在沖米軍にまかせたらいい、とでもいうように。

小川は、沖縄の選択肢として次のように「独立」を挙げる。

沖縄が日本からの分離独立を宣言した瞬間、基地問題に関して沖縄はアメリカと直接交渉をする立場に立ちます。その場合、沖縄の交渉能力によっては、リスクは若干伴うかもしれませんが、基地を維持するという選択、あるいは基地を全くなくするという選択、これを選ぶことができるわけであります。仮に若干の基地を維持しながらアメリカとの関係を続けるということになりますと、それをカードといたしまして、かなり大きな政治的、経済的自立に関するアメリカの支援というものも自ら勝ち取る可能性はあるわけであります。（東海大学平和戦略国際研究所主催研究討論会での発言）

「選択肢」として独立はありうるだろうが、小川はそうした選択肢に都合のよい推論（希望的観測）をくっつけているだけだ。しかも、小川が懸念するのは、独立後の沖縄がどうなるのかではなく、「沖縄に独立されてしまった日本は、世界からの評価も信頼も大幅に低下するでしょう。そこにおいては、やはり世界の信頼を自らの安全の基盤とし、経済的な成功の基盤としなければいけない日本の国益は大きく損われるだろうと考えます」と述べるように、「日本の国益」の喪失である。

二〇〇四年八月に普天間飛行場近くで起きた米海兵隊ヘリ墜落事故について、小川は琉球放送の番組で、第一の責任は日本政府にあるが、「第二の責任」は危険を察知しながらその対応を政府に「丸投げした」沖縄県民にあると語ったという（『日本の「戦争力」』一三五ページ）。小川は、一九五〇年以来、米軍基地の整理縮小を求め続け、あるいは危険な普天間基地の撤去を求め続けてきた周辺住民や県民の強い要請――そしてこれらがことごとく拒否されたこと――を知らないのであろうか。

小川は、また、嘉手納空軍基地を沖縄発展のために中継貿易の「ハブ港」として軍民共用空港として利用すべきだと述べるが、これがいかに米軍にとって非現実的で、また県民の要望にも反するということを知らないのであろうか。戦争から現在に至る沖縄の「悲劇」に同情を寄せるポーズを示しながらも、結局は日米安全保障の基地として引き続き重視すべきだというのが小川の基本的な考え方のようである。長年にわたる沖縄の抗議や提案がことごとく拒否され続けてきたのに、小川は自分の案だと問題が解決できると論じる。そう信じる根拠はどこにあるのだろうか。

## 2 「アジア最後の植民地」沖縄

## ✳米国の沖縄「信託統治」をめぐって

日本は、一九五二(昭和二七)年四月二八日、米国はじめ連合国と結んだ平和条約によって敗戦で失った独立を回復した。そして、その第一条(b)により、日本と戦った連合諸国は、「日本国及びその領水に対する日本国民の完全な主権を承認」した。

ところが、その第三条により、「日本国は、北緯二九度以南の南西諸島(琉球諸島及び大東諸島を含む)」を、小笠原群島、西之島、沖の鳥島などとともに、「合衆国を唯一の施政権者とする信託統治制度の下におくこととする国際連合に対する合衆国のいかなる提案にも同意」した。そして、「このような提案が行われ且つ可決されるまで、合衆国は、領水を含むこれらの諸島の領域及び住民に対して、行政、立法及び司法上の権力の全部及び一部を行使する権利を有する」こととなった。

平和条約の第一条では「日本国及びその領水」に対する日本の「完全な主権(full sovereignty)」を尊重すると言いながら、第三条では、条件つきながら、米国は上記諸島の領域と住民に対する「行政、立法、司法上の全権力(all and any powers of administration, legislation and jurisdiction)」を「行使する権利」をもつ、というのである。しかもその条件とは、米国はいずれこれらの諸島を信託統治することを国連に提案する(そして日本はそのような提案に同意する)が、それが可決されるまでの施政権行使、だという。

あとで述べるように、琉球諸島が米国の信託統治領になることはあり得なかった。たとえ米国が提案したとしても、ソ連やインドなどの反対があって、国連の支持を得ることも不可能だった。米国ももちろんそれを知っていた。第一条と第三条の矛盾といい、第三条の文言といい、その後二〇年にわたって米国が琉球諸島を占領した国際法上の根拠については大いに疑問がある。

平和条約第三条は、琉球に対する主権を日本に残したまま暫定的な施政権を米国に与えた。その理由を、米国のダレス代表は要旨、次のように説明した（一九五一年六月二七日付のメモ）。

一　米国は大西洋憲章で約束した領土不拡張をきちんと守る。

二　日本が琉球諸島に対する主権を放棄し、しかも米国が提案する信託統治を国連が承認しなければ、危機的な国際状況が生まれる。

三　第三条方式は、平和条約が沖縄について「米国に排他的な戦略的統制を保証する」という、国務・国防両長官からトルーマン大統領宛ての一九五〇年九月七日付共同メモと完全に合致する。

ここには、米国が琉球に対する主権を行使する目的が、率直に述べられている。日本に潜在的な主権があるとはいえ、米国は沖縄に対して「排他的な戦略的統制」を行う、という。ダレスは、日本に「潜在主権(residual sovereignty)」を残したまま、米国が琉球を信託統治できるかどうかを懸念していたのである。

米国の提案には、もし主権者が認めるなら、という条件がつけられていた。琉球諸島の「主権者」とは、沖縄住民以外にあり得ない。そしてその沖縄住民は、サンフランシスコ講和会議に先立つ世論調査や立法院決議で、本土（日本）復帰を切望していることを意思表示していた。立法院は、その趣旨の電報を講和会議における日米その他の代表に送っていた。

しかし、民主主義のリーダーを自認していたはずの米国は、これらの「主権者」住民の声を完全に無視した。

ダレスによれば、日本が「潜在主権」を維持したまま米国を施政権者にしたのは、妥協の産物であった。連合国諸国の中で、南西諸島に対する主権を日本から米国に移譲すべきだというオーストラリアなどと、これらの諸島を全面的に日本に返すべきだというインドなどに意見が分かれたため、米国はまず琉球諸島に対する日本の潜在主権を認めて、信託統治地域について定めた国連憲章七七条のb項を琉球諸島に適用することにしたのだという（五一年九月八日付のメモ）。

憲章七七条によって信託統治の対象になりうるのは、a．現に委任統治の下にある地域、b．第二次世界戦争の結果として敵国から分離される地域、c．施政について責任を負う国によって自発的にこの制度の下におかれる地域――の三種類である。

琉球列島は、これまでどこの委任統治領でもなかったから、まずaには該当しない。かつては琉球王国で、明治以降は日本の一県だった沖縄は、統治能力をもつことを証明していた。次に、第二次世界大戦で主導的な役割を果たした米国は、大西洋憲章（一九四一年）などで、領土不拡大の原則や住民の意志に反する国境変更への反対を確認していた。したがってbも該当しない。「戦争の結果」として沖縄を日本から分離し統治することは、米国が約束した領土不拡張政策に反するからだ。最後のcは、もちろん当てはまらない。施政について責任をもつ日本や沖縄が信託統治を望んだわけではないからだ。

しかも、国連加盟国同士は「主権平等の原則を尊重」する立場にあるので、信託統治制度は国連加盟国には適用されない（第七八条）。日本はといえば、平和条約の発効とともに独立を回復し、四年半後の一九五六年一〇月には国連加盟を果たした。少なくともこの段階で、第三条の「信託統治」の部分は意味を失った、と解される。

**✴国連憲章に定められた信託統治制度の基本目的**

さらに、信託統治制度は、国際平和という国連憲章の精神に基づいて、統治能力がないと認められる地域に対して、国連から信託（委任）を受けた国が統治能力を育成する、という善意にもとづいている（国連憲章第七六条「信託統治制度の基本目的」）。施政権国の利益ではなく、信託統治領住民のために、というのが基本原則だ。

これに対し、沖縄を保持するという米国の意向は、戦略的目的にもとづいていた。信託統治をするためには、関係諸国が協定を結ぶ必要がある。その協定は、信託統治地域の一部または全部を「戦略地区」に指定することができるが、施政権者は上記の第七六条を守らなければならない（第八三条）。しかし、沖縄を軍事目的のみのために利用したい米国には、第七六条を守る意図はなく、「人民が自由に表明する願望」など考慮するつもりもなかった。

以上に見たように、対日平和条約の「沖縄条項」は矛盾に満ちている。それは、米国が冷戦の中で沖縄を日本から切り離して軍事要塞化することを正当化するために「作文」し、恣意的な解釈を加えたものと言わなければならない。とりわけ沖縄を米国の信託統治領にする案は、国連憲章に反しており、現実性もなかった。本来ならば国際法の観点から、日本はもっと異議を唱えるべきであった。平和条約の交渉が、日本が連合国軍の占領下にあった時期に行われたとはいえ、日本政府が第三条を受け入れたのは同胞である沖縄住民に対する裏切り行為にほかならなかった。

## ✶信託統治領とは植民地のこと

ところで、国連憲章には「非自治地域に関する宣言」（第一一章）というのがある。国連結成の翌年、一九四六年に最初の非自治地域の一覧表が作成され、その後何度か、現在の「植民地解放特別委員会」の勧告に基づいて総会で更新された。この委員会の名称が示すように、「非自治地域」とは、国連の定義によれば、「植民地」のことである。

国連憲章がいう「非自治地域」とは、「人民がまだ完全には自治を行うに至っていない地域」のことで、こうした地域の施政を担当する国連加盟国は「地域の住民の利益が至上のものであるという原則」に基づき、「人民の文化を充分に尊重して、この人民の政治的、経済的、社会的及び教育的進歩、公正な待遇並びに虐待からの保護を確保」することや、「自治を発達させ、人民の政治的願望に妥当な考慮を払い、且つ、人民の自由な政治制度の漸進的発達について人民を援助すること」が義務づけられている。*

*ところが、非自治地域の「解放」にいたる歩みはあまりに遅かった。そこで国連総会は、一九六〇年一二月、基本的人権を否定する異民族による抑圧、支配、搾取を止めさせ、無条件ですべての権限を信託統治領および非自治地域に譲渡すべきだという「植民地及びその人民に対する独立の付与に関する宣言（国際連合総会決議第一五一四号）」を採択し、その結果、植民地解放が急速に進んだ。国連植民地解放特別委員会によれば、一九四五年の国連創設以来、二〇〇六年までに八〇以上の植民地が独立を獲得した。二〇〇六年の時点で非自治地域リストに入っているのは、アメリカ領サモア、グアム、ニューカレドニア、米国領バージン諸島、英国領バージン諸島、ケイマン諸島など一六地域のみだ。

このように、国連によれば、信託統治領は非自治地域、すなわち植民地である。「植民地」という言葉から一般に人々が連想するのは、たとえば異民族支配、従属、経済的搾取、人種差別と抑圧などであろう。かつてのインド、インドネシア、朝鮮半島などがその例である。しかし『植民地主義とは何か』の著者ユルゲン・オースタハメルの分類によると、「軍事的な拠点」も植民地の一類型である。オースタハメルが挙げている軍事的拠点としてのバミューダ、マルタ、キプロス、ジブラルタルなどは、国連の非自治地域リストにも入っていた。

**✴高等弁務官という名の植民地総督**

米国占領下の沖縄は、戦略的信託統治領、すなわち軍事的な「植民地」であった。米国の琉球＝信託統治論は軍事支配＝基地化の口実に過ぎなかった。

対日平和条約が交渉段階にあった一九五〇年一月、ディーン・アチソン米国務長官は、ワシントンのナショナル・プレス・クラブで太平洋における米国の「防衛ライン」について説明した。それは、アラスカから日本列島をへて沖縄そしてフィリピンに至るラインであった。アチソンは「われわれは、琉球に重要な基地をおいており、今後ともこれらの基地を維持し続けるであろう」とも述べて、沖縄の軍事的重要性を強調した。平和条約発効から二年後の五四年一月には、アイゼンハワー大統領が一般教書で沖縄米軍基地の無限期保有を宣言した。

アイゼンハワーが一九五七年六月に発表した「琉球列島の管理に関する行政命令」は、「琉球植民地憲法」とでも呼ぶべきものであった。

「行政命令」はまず、対日平和条約第三条により、米国は領水を含む琉球列島の領土と住民に対して、「行政、立法、司法上のすべての権限を行使している」ことを記し、この権限は大統領の指揮監督にしたがって国防長官が行使すると定めた。そしてこの国防長官の下に、高等弁務官を長とする琉球列島民政府（United States Civil Administration of the Ryukyu Islands=USCAR。通称「ユスカー」）がおかれることになった。高等弁務官には、在沖米軍を統括する陸軍中将が任命された。

米国は、すでに琉球住民からなる琉球政府（Government of the Ryukyu Islands=GRI）を設立していたが、同政府も「行政命令」の規定に服することになった。

より具体的に言えば、米国は琉球に対して自らの利益のために絶対的な権限を保持・行使する一方で、琉球住民には米国の市民権を認めず（したがって米国憲法を適用せず、また選挙権も与えず）、世界一を誇る経済力の恩恵を供与することもなかった。

この米国大統領による「行政命令」のもとで、琉球政府の行政権は、「琉球人である行政主席」に属することとなった。しかし、行政主席は「琉球列島住民により選挙される」と定められたものの、実際には高等弁務官によって任命された。主席（知事）が民意によって公選されれば、米軍の意向に従わない可能性が高いからである。

立法権は「琉球住民による直接選挙」で選ばれる議員で構成される立法院に属すると定められ

たが、高等弁務官が任命した行政主席には、米国大統領と同じように立法拒否権が認められた。それだけではない。高等弁務官は、自ら法令（布令や布告など）を公布することができるほか、「琉球列島の安全、琉球列島についての外国及び国際機構との関係、合衆国の対外関係又は合衆国もしくはその国民の安全、財産もしくは利害に関して、直接間接に重大な影響がある」と判断した場合、すべての立法案を含め法律のすべてまたは一部を拒否または無効にし、さらには公務員を罷免する権限をもっていた。また安全保障のために不可欠だと判断した場合は、「琉球列島におけるすべての権限」を行使することもできた。

司法権は琉球政府上訴裁判所に付与されたが、刑事裁判権は米国の軍人・軍属およびその家族には適用されず、また高等弁務官は、「合衆国の安全、財産又は理解に影響を及ぼす」と判断した裁判や、米国の軍人・軍属やその家族がかかわる民事裁判を民政府（ユスカー）に移送することもできた。

このように、高等弁務官は、在沖米軍を統括していただけでなく、琉球住民に対して、過去のいかなる植民地総督にも劣らない絶対的な権限を有していた。「民主主義の原理を基礎（とした権限行使）」「琉球列島住民の福祉及び安寧の増進」「住民の経済的及び文化的向上」といった言葉はあったものの、行政命令が最重視していたのは「合衆国の軍事」であり、「合衆国（と合衆国国民）の安全、財産又は利害」であった。

かつて自ら独立戦争をへて英国の植民地から脱し、自由・平等・民主主義を標榜するようになった米国の、明らかな自己矛盾と二重基準である。

なお、この米国大統領による「行政命令」は、米国自らが中心となって作成した国連憲章の「非自治地域に関する宣言」だけでなく、一九四八年の国連総会で採択された「世界人権宣言」、一九六〇年の国連総会で採択された「植民地独立付与宣言」にも違反していた。

第二次大戦の末期、一九四五年六月に署名され、同年一〇月に発効した国連憲章で、加盟諸国は、「戦争の惨害から将来の世代を救い」、「基本的人権と人間の尊厳及び価値」などに関する信念を再確認し、「国際の平和及び安全」のために力を合わせることを誓った。その第一一章「非自治地域に関する宣言」は、非自治地域（植民地）を統治する国連加盟国に、文化の尊重や政治的・経済的・社会的・教育的進歩への努力に加えて、自治の発達や自由な政治制度の漸進的発達を援助するよう義務づけた。

また「世界人権宣言」は、第二条で、「すべて人は、人種、皮膚の色、性、言語、宗教、政治上その他の意見、国民的若《も》しくは社会的出身、財産、門地その他の地位又はこれに類するいかなる事由による差別をも受けることなく、この宣言に掲げるすべての権利と自由とを享有することができる」ほか、「個人の属する国又は地域が独立国であると、信託統治地域であると、非自治地域であると、又は他の何らかの主権制限の下にあるとを問わず、その国又は地域の政治上、管轄上又は国際上の地位に基づくいかなる差別もしてはならない」と定めた。

同宣言はまた、「すべて人は、国籍を持つ権利を有する」(第一五条)、「何人《なんぴと》も、ほしいままに自己の財産を奪われることはない」(第一七条)、「すべて人は、思想、良心及び宗教の自由に対する権利を有する」(第一八条)、「すべての人は、直接に又は自由に選出された代表者を通じて、自国の政治に参与する権利を有する」「人民の意思は、統治の権力の基礎とならなければならない。この意思は、定期のかつ真正な選挙によって表明されなければならない」(第二一条)ことも明記した。

沖縄の教職員会、婦人連合会、市町村長会などが結成した沖縄諸島祖国復帰期成会は、五三年一月、「他国の行政下」におかれた沖縄の現状を「奇形的な姿」と呼んで「祖国への即時完全復帰」を訴え、また同年三月の中部地区補欠選挙では社大党と人民党が共闘を組んで「条約三条撤廃」や「即時完全日本復帰」のほか、「植民地化政策反対」を訴えた。

## ✴「リトル・アメリカ」

五六年に沖縄を訪れた『ニューヨーク・タイムズ』のロバート・トランブル記者は、沖縄を「陸、海、空軍、海兵団及び国防省やその他の機関に雇用されている民間人など約四万人の米人」が滞在する「リトル・アメリカ」と呼び、こう描写した。

琉球軍司令部では、三年間の勤務期間を終えた将校や下士官に、この楽しい亜熱帯の島での勤務を希望するものがあまり多いので、それ以上期間延長を許されず、他の人に勤務のチャンスをゆずらねばならないといっている。今の沖縄の住宅は米陸軍最上のものである。学校、立派なＰＸ、娯楽設備があって職業軍人の羨望の任地である。家庭を持つふつうの職業軍人には、コンクリート建て、タイルぶきの郊外型住宅が割当てられている。各戸とも冷蔵庫など一流の設備をもっている。すっかり米国の標準そのままのハイスクールが一校ある。保養のための設備としては、ボーリングから沖釣りまでほとんど何でもある。家族の休暇用として海浜保養地が二つある。……それだけで充足した小さい縮図の都市なのだ。大抵の屋根にはテレビのアンテナが立っている。空軍では毎晩、六時間米国から送られてくるテレビ番組のフィルムでテレビ放送を開始するようになった（『琉球新報』一九五六年四月一四～一七日）。

基地内には「大きなクラブ、ＰＸ、映画館、劇場、一八のホールがあるゴルフ場、工事費九〇万ドルをかけたアジアで最も素晴らしいスポーツ場等の色々な設備がごったがえしている。一階にバスケット・コートが三つもある体育館がある」。トランブル記者が描く「オキナワ」は、米軍が沖縄住民から接収した土地に建てた軍事植民地そのものであった。

アイゼンハワー大統領が「琉球列島の管理に関する行政命令」を発表した一九五七年に沖縄を訪れた東京大学の矢内原忠雄総長も、「沖縄は米国の軍事植民地である」と断言している（『朝日新聞』一九五七年一月二八日）。矢内原は、「軍事植民地（ミリタリー・コロニー）」という言葉は一九世紀末から二〇世紀初めの研究書に登場しているとして、「本国がその植民地を統治し、利用する目的が主として軍事的・戦略的な見地にある場合に、これを軍事植民地として分類」したと述べている（『主張と随想――世界と日本と沖縄について』東大出版会）。米国が、「民主主義のショーウィンドー」と呼んだのとは裏腹に、軍事基地として利用するために米国が絶対的な権力を行使していた琉球は、まさに「軍事植民地」であった。

一九六〇年一二月に国連総会で決議一五一四第一五項として可決された「植民地独立付与宣言」[*]（別名「植民地解放宣言」）は、「いかなる形式及び表現を問わず、植民地主義を急速かつ無条件に終結せしめる必要があることを厳粛に表明」した。そして、「すべての人民は、「その政治的地位を自由に決定し、並びにその経済的、社会的地位及び文化的発展を自由に追求する」ための「自決の権利を有する」と述べた。

＊日本を含む八九か国が賛成し、反対はゼロであったが、九か国――米国、英国、オーストラリア、スペイン、フランス、ベルギー、ポルトガル、南アフリカ、ドミニカ共和国――が棄権した。

## ✴植民地解放を訴えた琉球立法院

それから一年三カ月後の一九六二年二月一日、琉球政府立法院はこの植民地解放宣言を引用して、米国の統治が「領土の不拡大及び民族自決の方向に反し国連憲章の信託統治の条件に該当せず、国連加盟国たる日本の主権平等を無視し」と断じ、国連加盟各国と国連本部に対して「日本領土内で住民の意思に反して不当な支配がなされていること」に注意を喚起するよう求める決議を満場一致で採択した。この国連宛ての要望が、国連総会で採択された「植民地解放宣言*」に言及したことからも分かるように、立法院は沖縄を米国の「植民地」とみなしていた。

＊一九六〇年一二月一四日に採択されたこの決議（正式には「植民地諸国、諸国民に対する独立付与に関する宣言」）は、「いかなる形式及び表現を問わず、植民地主義を急速かつ無条件に終結せしめる必要があることを厳粛に表明」し、「一　外国人による人民の征服、支配及び搾取は、基本的人権を否認し、国際連合憲章に違反し、世界の平和及び協力の促進の障害になっている。二　すべての人民は、自決の権利を有する。この権利に基づき、すべての人民は、その政治的地位を自由に決定し、並びにその経済的、社会的地位及び文化的発展を自由に追求する」などと宣言した。

立法院のこの二・一決議に対して、日本政府はどう対応したか。日本政府は、沖縄住民の声を代表する立法院の決議に耳を傾けて、米国政府に対沖政策の改善を求めただろうか。

日本政府の公式見解は、次の通りであった。

沖縄は他日《たじつ》日本に復帰することを期待される地域で、植民地独立宣言にいう「独立を達成しない地域」に該当するものではない。また、沖縄は米国の施政下に置かれているが、住民の民生福祉の向上のために日米両国が協力して種々の措置を講じており、これが実効をあげつつある実情からみて沖縄が米国の搾取のもとに置かれている地域であるとは考えられない。この意味においても、沖縄は植民地独立宣言に該当するものとは考えられない（傍線＝引用者）。

政府が述べるように、確かに沖縄は独立を求めていたわけではない。しかし、米国高等弁務官が琉球政府主席や上訴裁判官を任命し、法案や法律に対して拒否権だけでなく自ら布令・布告・指令を公布する権限をもち、米国や在沖米国人の安全や利益を理由に裁判権を民政府（米国）裁判所に移転できるという状態は、明らかに沖縄住民の意思に反していた。日米両国が住民の民生福祉のために努力しているといっても、沖縄の生活水準やインフラ整備は、すでに戦後復興の域を脱して高度経済成長期に入っていた日本のレベルを大きく下回っていた。沖縄の現実が、「非自治地域」や信託統治地域における統治国の政治的、経済的、社会的、教育的進歩への責任を定めた国連憲章、基本的人権や非差別の原則をうたった世界人権宣言に反しているのは明らかだった。

しかし日本政府は、「植民地」の定義を「一民族が他民族を植民地の形において搾取をする」とごく狭義に限定し、沖縄は米国に搾取されていないから植民地ではない、と考えた（衆議院外務委員会における小坂外相の答弁、一九六二年二月一四日）。しかし、日本も支持した植民地解放宣言は、「外国人による人民の征服、支配」や「自決の権利（の否定）」を植民地の要素と規定していた。立法院はその認識に基づいて「いかなる形式及び表現」の植民地主義も認めない、と決議したのである。ところが、日本外務省は、一国がほかの民族を「単に征服、支配」するだけでは、植民地に当たらない、と沖縄＝植民地説を強硬に拒否した（上記委員会における中川外務省条約局長の答弁）。

## ＊「軍政は占領地政治」と報じた産経新聞

この見解は、一九五五年に米軍に招待された『産経新聞』記者の見聞とも矛盾していた。その記者は、「沖縄の軍政は、一種の占領地政治であり、経済、政治、教育の各面が露骨に軍事利益に集中的になされている。その点かつての満州国行政に似ているが、ちがうのはこの島では現地の生産が奨励されず、むしろもっとも無害な、基地の足手まといにならないような経済と社会が必要とされていることである」とした上で、次の点をあげている（一九五五年四月一八日付）。

①生産は抑制する。②消費は米国からの輸入を助成する。③民間産業は金融によって米国が統

制し、主要産業については独占統制会社として、米軍の必要に応じて統制できるようにする。④農業は奨励せず食糧は輸入にまつ……。

かつての日本の満州経営より悪質、「軍事利益」を優先させ、経済も米国の統制下におく占領地政治だ、とこの記事は述べている。

さらに、一九六六年の国連総会で採択された「国際人権規約」も、「すべての人民は、その政治的地位を自由に決定し並びにその経済的、社会的及び文化的発展を自由に追求する」ための「自決の権利を有する」ことを確認した。

琉球住民の「自決の権利」を否定し、米国に琉球統治に関する絶対的権限を与えた大統領行政命令は、明らかにこれらの宣言や規約に反していた。琉球が、米国の戦略的な利益に奉仕する植民地であることに疑問の余地はなかった。

米国は軍事目的で支配する沖縄を、朝鮮半島やベトナムへの発進基地、兵站基地として使用し、中国、台湾海峡、北朝鮮、東南アジア、南アジアなどの状況に対応した。土地の強制収用、最高権力者・高等弁務官が握る行政主席や裁判官の任命権やいわゆる布令・布告による専断政治、犯罪を犯した米兵に対する捜査権・裁判権の占有に示されるように、沖縄で民主主義を否定しながら、「世界の民主主義を守る」という名目で。

## ✴軍事基地帝国の軍事植民地

こうした状態は、一九七二年の沖縄の「本土復帰」によって、終結したはずであった。しかし、一九九九年、アメリカの国際問題研究者チャルマーズ・ジョンソンは、琉球は依然として米国の「軍事植民地」であると書いた（邦訳は二〇〇〇年、鈴木主税訳『アメリカ帝国への報復』集英社）。

沖縄は「アジア最後の植民地」だ、とジョンソンは言う。植民地の時代が終わって数十年、日本の一部である沖縄が、アジアに残った唯一の植民地とは！

彼は、米国が世界中にはりめぐらせている軍事基地ネットワークを「軍事基地帝国（empire of bases あるいは military empire）」、沖縄を米国の「軍事植民地（military colony）」の一つと称する（"AlterNet: America's Empire of Bases"）。

ジョンソンによれば、米国は諸外国に五十万人以上の兵士、スパイ、技術者、教員、民間契約業者を配し、世界の海洋に何隻もの空母を展開し、世界中の人々を監視するための多数の秘密基地を擁する。大規模な基地には住宅、外食店、病院、洗濯屋、バス路線が整備され、さまざまな軍用機が「軍事基地帝国」を結ぶ。一方、この軍事帝国主義をになう基地（植民地）では、維持費を抑えるために、環境汚染が放置される……。

それは、一九五六年にトランブル記者が描いた沖縄とほとんど変わらない。米国の（帝国主義的）軍事目的だけのための植民地。それが軍事植民地だというのである。
沖縄について、ジョンソンは言う（前掲『アメリカ帝国への報復』九〇頁）。

アメリカ軍はなぜいまも沖縄に駐留しているのだろうか？　軍関係者にとって、その答は明白だ。旧ソ連の軍隊が東ドイツ駐留を楽しんだのと同じ理由から、アメリカ軍も沖縄駐留を楽しんでいるのである。自国の軍事植民地における生活は、ソ連の軍人にとってもアメリカの軍人にとっても、母国ではほとんど望めないほどすばらしいものなのだ。沖縄の米軍基地を紹介した民間の案内書には、「美しい金武《きん》湾を見下ろす生活を望むなら、（キャンプ・）コートニー（第三海兵団司令部）の九層建築に何百室もの眺めのいい住居があります」と書かれている。また海兵隊員の家族のためのショッピング情報もある。「一一〇〇万ドル以上の建築費を投じた（キャンプ・）フォスター・エクスチェンジは、太平洋地域で最も新しいショッピング施設です」……。

沖縄はいまでも本質的にペンタゴンの軍事植民地であり、空軍と海兵隊はもちろんグリーン・ベレーや国防情報局にとっても、アメリカでは決してできないことを体験できる巨大な隠れ家なのだ。

沖縄の軍事植民地化は、沖縄住民の強い反対を押し切って進められた。そうした反対を封じるために、米国は沖縄に民主主義をもたらすどころか、圧倒的な行政・立法・司法権限をもつ軍人高等弁務官を送り込み、国連憲章の第七六条、第八三条、第八四条、第一一章の第七三条に反する軍事優先の占領統治を一九七二年まで続けたのである。住民が、国民としての基本的自由や権利などを保障した憲法と、インフラ整備、教育機会や社会保障が期待できる日本への復帰を熱望したのは、当然であった。

## 3 「軍事植民地」沖縄を支えているのはだれか

現在に至るまで米国による沖縄の軍事植民地化を可能にしているのは、日本政府（すなわち日本国民）の承認と支持があってのことだ。つまり、日本という「共犯者」があってこそ成り立っている軍事植民地なのである。沖縄は、かつては薩摩藩の植民地ないしは植民地的存在であったが、現在は日本政府の了解を得て米国が軍事植民地にしている。その意味で、沖縄は日、米両国の植民地と言える。

周知のとおり、沖縄県は日本国土の〇・六％を占めるだけだが、在日米軍専用基地（面積）の約七五％を背負わされ、海兵隊員を中心に在日米軍要員の半数以上を抱えている。日本の中では、もっとも軍事要塞的色彩が強く、軍や軍人軍属のかかわる事故や事件も全国一だ。

## ✴世界で群を抜く日本の対米軍事支援

しかも、日本――すなわち日本の納税者――は、在日米軍駐留費（借地料、基地従業員の労務費、騒音公害の対策費、隊舎や家族住宅および娯楽施設やショッピングセンターなどの整備費、光熱水道費、施設移転費など）のうち、二〇〇五年度予算では約二四〇〇億円を負担している。これはメキシコやスイスの年間防衛予算にほぼ相当する。在日米軍要員の居住空間は、日本の庶民感覚からかけ離れている。水道や電気などの光熱水費は自衛隊要員の六倍近く（いずれも一人当たり）にのぼるといわれ、宿舎（一戸建てまたは集合住宅）は冷暖房、庭、駐車場つきで、日本政府の公務員宿舎よりかなり広い。

しかも、日本が負担しているのは、直接支援（いわゆる「思いやり予算」）ばかりではない。土地の無償使用、家賃の免除、税金や関税の免除、有料道路や港湾使用料の免除といった間接支援も

## 主要米軍駐留国〔接受国〕の駐留費負担（2002年）

| | 駐留米軍（人）2002年末 | 直接支援（百万米ドル） | 間接支援（百万米ドル） | 支援額合計（百万米ドル） | 駐留費負担率 |
|---|---|---|---|---|---|
| オーストラリア | 177人 | N/A | N/A | N/A | N/A |
| ベルギー | 1516 | 2.21 | 15.56 | 17.78 | 24.00% |
| カナダ | 150 | N/A | N/A | N/A | N/A |
| フランス | 107 | N/A | N/A | N/A | N/A |
| ドイツ | 72005 | N/A | N/A | 1563.93 | 32.60% |
| イタリア | 13127 | 3.02 | 363.53 | 366.55 | 41.00% |
| ノルウェイ | 120 | 10.32 | 0 | 10.32 | 83.50% |
| スペイン | 2328 | 0 | 127.26 | 127.26 | 57.90% |
| トルコ | 1873 | 0 | 116.86 | 116.86 | 54.20% |
| 英国 | 11351 | 27.5 | 210.96 | 238.46 | 27.10% |
| **その他を含むNATO総計** | 106,898 | 76.55 | 2407.77 | 2484.32 | 28% |
| クウェート | | 252.98 | 0 | 252.98 | 58.00% |
| サウジアラビア | | 3.64 | 49.73 | 53.38 | 64.80% |
| アラブ首長国連邦 | | 86.95 | 130.42 | 217.37 | N/A |
| 日本 | 41,626 | 3228.43 | 1182.92 | 4411.34 | 74.50% |
| 韓国 | 38,725 | 486.61 | 356.6 | 843.11 | 40.00% |
| **全世界合計** | 199334 | 4143.35 | 4253.81 | 8397.16 | 約50% |

駐留国（接受国）支援額とは、米軍が駐留している国が負担している駐留費分担額。**直接支援**とは労務費や土地代など予算に計上されている支出額、**間接支援**とは税金、道路・港湾使用料などの免除分。日本と韓国は直接支援の90パーセント以上を負担している。日本は金額・負担率とも群を抜いていることがこの表からわかる。なおN/Aとは「該当せず」の意味。（資料：米国防総省）

ある。

米国防総省の資料（"Bilateral Cost Sharing Contributions"）によれば、直接支援と間接支援を合計した日本の対米接受国支援（＝host-nation support）、すなわち対米軍事援助は、二〇〇二年、四四億一千百万ドル（直接三二億三千万ドル、間接一一億八千万ドル）を上回った。当時の円相場は一ドル＝約一二〇円だから、およそ五千三百億円ということになる。

日本の支援額は群を抜いており、世界全体の対米支援総額八四億ドルの半分を超える。しかも、日本における米軍駐留費全体のおよそ四分の三（七四・五％）を日本政府が――国民の税金によって――負担しており、負担率の点でもずばぬけている。

その意味で、在日米軍は日本政府の援助なしでは成り立たない。しかし在日米軍に対しては、日本の統制も指揮権も及ばない。しかも在日米軍は、「日米安保」――日本と米国の安全保障――のためと称しながら、実際には米国が中東など地球規模で緊急展開する高性能戦略部隊として位置づけられている。

英国、ドイツ、イタリアなどＮＡＴＯ諸国と比較するとどうなるか。二〇〇二年当時、ＮＡＴＯに駐留していた米軍は一一万人。それに対してこれらＮＡＴＯ諸国の接受国支援は合計二四億八千万ドル（直接七千六百万ドル、間接二四億一千万ドル）。これに対して、駐留米軍約四万人という日本が、ＮＡＴＯ全体の二倍もの額の米軍支援をしているのである。米軍要員一人当たりに換算すると、NATOの二万ドル強に対し、日本はその五倍の一〇万ドル（！）を負担していることになる。

ちなみに、米国にとって最も緊密な同盟国といわれる英国でさえ、駐留米軍は約一万一千人。接受国支援額は合計二億四千万ドル弱で、同国の負担率は二七％に過ぎない。米国と隣接し、北米宇宙防衛協定によって北米大陸を共同防衛しているはずのカナダにいたっては、駐留米軍一五〇人、対米支援額ゼロだ。オーストラリアもほぼ同様である。

このような日本政府による世界でもダントツの対米資金援助によって成り立っているのが、沖縄という軍事植民地なのである。

## ✴アメとムチ

一方、日本政府は、沖縄自体にも巨額の経済支援をしている。上記の「思いやり予算」と重なるが、防衛施設庁の二〇〇七年度予算によれば、その額は一六二〇億円にのぼる。「（軍用地料や道路使用補償費などの施設借料を中心とする）補償経費」、「提供施設の整備」、「労務管理費」、住宅防音工事費や基地を有する自治体への補助金（周辺環境整備費）といった「基地周辺対策経費」、「提供施設の整備費」、「提供施設移設整備費」が主な項目だ。その他、二〇〇六年度予算では公共事業を軸にした地域振興事業費を中心に二七〇〇億円（〇五年度当初予算より四％減）が組まれている。

沖縄は、一九七二年の本土復帰以降、道路、下水道、港湾、学校、公園などの社会資本が急速に整備されてきた。しかし、沖縄県の歳入に占める地方税などの自主財源の割合はわずかに三三％（全国平均の約七割）、残りは地方交付税や国庫支出金に頼らざるを得ないのが現状だ。

「植民地」というものが、搾取や抑圧と結びついているのなら、日本政府がこのような「手厚い」財政支援をしているケースは「植民地」という概念からはずれるだろう。少なくとも、沖縄が日本の一県であり、沖縄県民が日本人である（日本人としての権利や恩恵を享受し、日本人としての義務を果たしている）という意味では、歴史的にはともかく、現在は民族的植民地であるはずがない。

しかし、次のように問うた場合は、どうだろうか。

――日本はなぜ沖縄にこのように巨額の財政支援を行っているのだろうか、と。

好意的に考えれば、沖縄住民が日本人であり、沖縄が国内唯一の住民を巻き込んだ悲惨な戦争のあと、二七年間にわたる米国占領の下で社会資本の整備が大幅に立ち遅れたことに対して、日本政府がその埋め合わせをしているのだ、ということになるだろう。

しかし、この財政支援が単なる同胞意識・善意にもとづいたものだとは言いがたい。なぜならその一方で、沖縄を米国の「軍事植民地」のままにしているという厳然たる事実があるからだ。

米国は、沖縄戦以降、二七年間にわたって沖縄を軍事占領した。そして日本（政府と国民）は、その後も、米国に沖縄の軍事利用を認め続けてきた。認めただけではない。外務省によれば、「米軍は、日本と極東の平和と安全の維持に寄与する目的で日本に駐留して」おり、日米地位協定は「この米軍の円滑な活動を確保するとの観点から……米軍による日本における施設・区域（一般には、米軍基地と呼ばれています）の使用と日本における米軍の地位について規定して」いるのだという。

地位協定には「日本」と書かれているが、実態として面積にして米軍専有基地の四分の三を占め、在日米軍要員の半分以上が駐留している「沖縄」が大半を占める。そして協定は、ときとして、沖縄住民（＝日本人）の安全や権利より「米軍の円滑な活動を確保」することに重点がおかれる。しかも、日本は、「米軍の円滑な活動を確保」するために、接受国支援という名目であの豊かな米国に巨額の財政援助までしてきた。つまり、日本にとって沖縄なしの安全保障体制は考えられない、ということであろう。沖縄に対する日本政府の援助は、軍事基地負担（ムチ）と引き替えのアメなのだ。

しかも、日米地位協定では、あとで見るように、おうおうにして米軍や米軍要員の「地位」が沖縄（日本）や沖縄住民（日本国民）の主権や憲法上の権利より優先される。それをまざまざと示したのが、二〇〇四年に起きた米軍ヘリ墜落事故であった。ヘリが墜落したのは、海兵隊普天間航空基地に隣接する沖縄国際大学構内であったが、米軍はそこが日本領内の民有地であることを無視して、一帯を封鎖し、地元の警察や消防隊さえ排除したのである。米兵たちは一般住民の立ち入りを禁じ、本書の冒頭写真が示すように、写真撮影さえ邪魔した。まさに治外法権的な植民地と同等の扱いである。しかし日本政府は、米国に抗議するのでなく、米軍に代わって地元住民に謝罪した。

これが、ジョンソンのいう「軍事植民地」である。

## ✴未必の故意の共犯者

植民地には、通常、内部協力者（支援者）もつきものだ。協力（支援）するには、それなりの理由がある。その最大のものは、イデオロギー（信念）というより、自らの地位や経済的余得だ。沖縄でも、米軍基地に強い反対を唱えず、あるいは基地を黙認する軍用地主がおり、基地をおいているがゆえに政府から特別助成金を受けている市町村がある。二〇〇六年には沖縄中部の通信傍受施設が返還されたが、多くの地主は返還に強く異を唱えた。借地代は、農業や商工業に適しない土地でも、働かずして転がりこんでくるからだ。

「自動車事故（暴走して事故を起こした場合など）、公害事件（被害が出るかもしれないと思いながら操業・販売を続けた場合など）などのように、意図的にやったものでなくても、もしかしたら実害が発生するかも知れないと思いつつ起こした過失」を法律用語で「未必の故意」と称する（平凡社

『世界大百科事典』）が、沖縄でさまざまな事故、爆音、事件などの原因になっているだけでなく、沖縄基地所属の艦船や戦闘機が他国の人々を殺傷している米軍を、自らの生活（利益）のために容認するのは、これに似ている。

生活や売上げ向上のために危険を承知で運転手に酒を提供する飲食店のようなものだ。戦争に加担し、あるいは沖縄でさまざまな事件・事故を起こしていると知りつつ軍事基地を提供または容認している市町村や地主も、同類と言わざるを得ない。

長年にわたる巨大な米軍の駐留が住民に及ぼしてきた数々の苦難をよそに、基地との「共存」を推奨してやまない首相官邸、外務省、防衛施設庁、そこで沖縄を担当する官僚たちも、沖縄軍事植民地の片棒をかつぐ「未必の故意」の共犯者である。しかし、少なくとも公的には、「日米同盟」という錦の御旗のもとで彼らがそれを意識することはまずないだろう。日本あるいはその安全保障は、沖縄を米国の軍事植民地にして成り立っていると言ってよい。

## 4 「朝日報道」があばいた米軍統治の実態

『朝日新聞』は、今から半世紀前の一九五五（昭和三〇）年一月一三日、「米軍の『沖縄民政を衝《つ》く』」という特集記事を掲載した。

ニューヨークに本部をおく国際人権連盟のロジャー・ボールドウィン議長からの手紙に触発された自由人権協会（東京）が行った実態調査の結果を報道したもので、関連記事を含めて社会面のほぼすべてを沖縄で埋めている。それまで本土の新聞で沖縄問題が取り上げられることが少なかったなかで、*多くの読者には衝撃的な報道であった。

＊全国市長会が駐日米国大使宛てに送った「大島、琉球、小笠原諸島本土復帰に関する嘆願書」（一九五二年一一月）とそれに対する回答を受けて、『東京新聞』は長文の社説を載せ、これらの諸島を「速やかに……日本に復帰させることを米国政府に重ねて懇請」した。また『毎日新聞』は翌年一月の社説で、「琉球や奄美大島などの人々が、日本を祖国とし、復帰を熱望しているという事実は、絶対に否定できない。この切々たる気持を米国がくみ取って、日本復帰を許せば、これらの住民全国民も、感謝をもって米国に報いるであろう」と論じた。

### ✶「本土から取り残された人々」の実態

『朝日』の特集ページは、右肩の「米軍の『沖縄民政を衝《つ》く』」米国からの手紙で自由人権協会が調査」という横見出し、「農地を強制借上げ　煙草も買えぬ地代」という縦見出しのほか、「ボールドウィン氏の手紙」という囲み記事、「アジア法律家会議にも報告」「米国内でも初耳　陸軍省内部だけで検討」「踏みにじる民主主義　日本復帰運動にも圧迫」といった見出しが目につく。中央より少し左寄りに、花屋さんの店頭に並ぶシクラメンやさくら草など「早春を告げる花々」と石畳の道を、コートを脱いで歩く女の子とその兄らしい男の子の姿の写真、そしてページの左肩には「サザエさん」の四コマ漫画が載っている。記事の内容とこうした写真や漫画が、編集者が意図したかどうかはわからないが、軍事占領下の沖縄と平和が甦《よみがえ》った日本というコントラストをつくっている。

右肩のリード記事は、「敗戦から十年、日本本土はまがりなりにも独立したが、沖縄諸島はいまもって米軍の重要軍事基地として、その管理下にある。このため沖縄島民は、いまなお占領下にあるかずかずの苦難を味わっているといわれる」という文章で始まる。記事は、沖縄住民を「本土からとり残された人々」と呼ぶ。

自由人権協会に調査を促したのは、前年三月のアメリカ自由人権連盟(American Civil Liberties Union =ACLU)顧問でもあるボールドウィンからの一通の手紙であった。それには、「私はただいま、アメリカで定期的に刊行されている速報によって、次のような報告を受けました。それによると、沖縄で合衆国当局が、一方的にきめた非常に低い代価で土地を強制買収し、その土地を非常に高い使用料をとって貸付け、土地の地主たちを虐待しているということです。これに対して沖縄人たちが抗議しましたが、米軍当局はそれを共産主義者だと応酬しています。私たちは沖縄に通信員をもちませんが、貴協会には連絡の方法があると思いますので、右御調査方をお願いします」とあった。手紙には、調査結果を知らせてくれれば、国際人権連盟は「アメリカ当局とこの問題について交渉します」とも書かれていた。

掲載されている英文の手紙で確かめると、「速報」（↓「米国のある定期刊行物のいくつかの記事」）、「共産主義者」（↓「共産主義」）などのちょっとした誤訳はあるものの、伝統あるＡＣＬＵが自国の軍隊の所業を問題視していることがよく分かる。

## ✴ベル牧師の訴え

ボールドウィンが読んだ記事というのは、沖縄に住むアメリカ人宣教師オティス・Ｗ・ベルが米本国の「クリスチャン・センチュリー」五四年一月二〇日号に寄せた軍政批判の記事「沖縄住民を公正に扱え（"Play Fair with Okinawans"）」だったという。記事の冒頭には、こう書かれていた。

一九五三年一二月五日、沖縄で共産党蜂起が起こったとして、在沖米軍の部隊がそれを鎮圧するため動員された。「トラブルメーカー（騒ぎを起こした連中）」とは、了解も補償もなしに占領軍が彼らの土地を使用していることに、素手で抗議する沖縄人グループであった。米軍が共産党の煽動で起こったとした暴動は、住民にとっては法的に自分たちの名前で登記された土地に対する個人的権利を守る行動であった。沖縄でわれわれの政策を実施するために軍隊を動員しなければならないとすれば、何かがおかしい。

ベル牧師は、記事の中で、たとえば軍用地の借地料は全員アメリカ人で構成する評価委員会が決定する、七万六〇〇〇人の軍用地主のうち米軍が示した地代に同意しているのは二%以下に過ぎない、米軍が八年間も占領してきた沖縄で米軍が主張するように九八%を占める非同意者が共産主義者やその同調者であるはずはなく、もしも米軍の主張が正しければ占領政策に失敗したのである、と述べている。牧師は、「蜂起」が起きた日、住民は何の武器も帯びていなかったのに、米兵は機関銃、小型機関銃、銃剣をもってやってきたと指摘したあと、「われわれは日本に対する沖縄戦に勝ったが、いま、住民の尊敬を失いつつある。占領が未だに軍事的性格をもっているからだ、というのが大方の意見である」と結んでいた。

米国ではまた、すでに紹介したように（二六頁）『タイム』誌の東京支局長が「米国は沖縄人を非解放民族だと言ってはいるが、米軍は占領中、時に日本がしたのよりも厳しく沖縄人を取り扱った。沖縄の戦闘は沖縄の農業及び水産業等の小規模な経済を完全に破壊した。すなわち米国のブルドーザーは沖縄人が一世紀以上も骨身を惜しまずにつくった丘陵の畑をわずか数分間でふみつぶした」と米軍施政に批判的な記事（「沖縄――忘れられた島」）を書いていた。

ボールドウィンから手紙を受け取った自由人権協会は、一〇か月間に「おびただしい資料」を集めて検討した。ただし、米国民政府による渡航拒否を懸念したのか、現地調査は行わなかった。資料は、おそらく、琉球政府（行政府、立法院、上訴裁判所）の文書をはじめ、本土で復帰運動を進めていた人々や、米軍政府の許可を得て「来日」した沖縄の研究者や政治家や一般住民、あるいは本土に「留学」した学生、許可を得て沖縄を訪問した日本人などから得たものと思われる。

自由人権協会の報告書は、「土地問題」「労働問題」「一般人権問題」「沖縄の地位」の四点に焦点を当てていた。

### ✴宅地一坪がコカコーラ一本の値段

冒頭の「土地問題」とは、沖縄県における米軍用地が「五千百九三万三千百三坪」、すなわち「沖縄総面積の一割四分、全耕地面積の四割一分」（「小禄《おろく》、北谷《ちゃたん》、伊江などの各地では、それぞれ総面積の七割五分、八割八分、八割六分」）を占めており、しかも五三年に「はじめて講和発効後の分」として支払われた地代が、畑や宅地でさえ「一坪の地代ではコカコーラ一本、タバコ一箱も買えぬ」という状況を示していた。

山林や原野などはさらに低い価格で借り上げられ、「農民にとっては死活にかかわる問題」となった。そのため、新しい土地接収に対して、村人たちがブルドーザーの前に立ちふさがったり、野良帰りに座り込んだりして、出動した武装兵やブルドーザーによって解散させられるという事態が発生した。また、米軍財産管理課が旧公有地を住民に賃貸することもあった。

このような扱いに対し、琉球政府立法院は、五四年四月、「米軍の支払う地代は地主の要望額の九分の一にすぎぬ。合衆国軍隊によって与えられた損害はなんら補償されず、被害者の陳情は顧みられない。米軍が占有している土地のうちには、現に使用されていないものが少なからずあるにもかかわらず、新たな土地の借上げは住民の不安のうちに進められている」として、土地の新規買い上げや永久使用に反対し、使用中の土地に対する適正補償や不要土地の早期返還を求める決議を行った。しかし、沖縄における最高権力者であった米民政府副長官は、「合衆国が統治権を行使する間は、公共の必要のためにはいかなる、かつすべての私有地をも取得するだけである」という趣旨の声明を発表し、決議の返送さえ指示した。

次に「労働問題」の項目を見ると、「一般に軍作業労働者の賃金事情は悪いが、とくに人種による差別待遇が注目される」とある。ちなみに、米国人の時給が当時の米軍発行通貨（軍票。B円と称した）で七五一円二〇銭〜一二五円二〇銭、フィリピン人は一九六円八〇銭〜四八円、日本人は四五円〜二五円であるのに対し、沖縄人は二五円〜九円五〇銭ときわめて低い。

「一般人権問題」には、「人民党事件」が例として挙げられている。沖縄の米国占領に反対し本土復帰を訴えていた人民党の党員が、沖縄からの退去を命じられていた奄美出身の党幹部をかくまったとして逮捕され、その奄美出身者も弁護士なしの裁判で有罪判決を受けた、という事件である。*

＊「人民党事件」は、教職員会や革新政党が日本復帰運動に乗り出すなかで起こった。一九五二年に開かれた戦後初の教職員大会は日本復帰と（日本人としての）教育環境の整備などを宣言し、米軍情報部長はこれを教員にあるまじき政治活動であり、かつ共産主義国家・中国を喜ばせるだけだと非難した。五四年には、教職員会は「教育環境の整理浄化」や「教育の民主化」を含む規約を制定し、またその青年部は立法院が定める教育基本法の前文に「われらは日本国民として人類普遍の原理に基づき」という文言を入れるよう要請する決議を行った。

米軍はこうした動きに神経をとがらせた。特にターゲットにされたのが、米国統治にもっとも批判的な人民党であった。一九五二年には、米琉球民政府は機関誌『平和』を配布したとして党中央委員を逮捕し、五三年には立法院議員に当選した人民党・社大党統一候補の天願朝行《てんがんちょうこう》を四六年に「破廉恥罪」の犯罪歴（天願は、村長時代に、知事就任祝賀会用に米軍からの配給米による酒造を認めたとして拘留された）があるとして議員資格を保留した。沖縄群島選挙管理委員会は、天願の罪状は破廉恥罪に該当しないと決定したが、米軍は当選無効を宣告した。米軍の措置は、両党の「植民地化反対」声明を誘発し、それがまた米軍の反発を招いた。こうした動きに続いて起こったのが、人民党事件である。この事件では、人民党の瀬長亀次郎書記長と又吉一郎豊見城村長が逮捕され、犯人隠匿や偽証などの罪に問われた。

最後の「沖縄の地位」については、米軍が最高権力を保持していることや、米国の対沖施政権行使を認めた平和条約により米軍が「今後も必要と考えるすべての措置をとりうることになっている」点を問題視している。

「米国内でも初耳」と題する朝日新聞ワシントン駐在特派員の記事は、沖縄住民の訴えは五四年三月に米下院東南アジア・太平洋地域調査団がその勧告書で「沖縄土地使用料問題」に触れた以外、陸軍省の担当部局内で検討されただけだと述べ、さらに、ボールドウィンの手紙はアーヴィング・ファーマン国際人権連盟ワシントン支部長の報告書に基づくとして、同支部長の見解を紹介している。

その報告書によれば、沖縄住民の土地へのこだわりが強いため、陸軍省の担当者は、土地を買い上げるのではなく、地主と借地協定を結ぶのが良策と考え、「九九年間の長期契約による地上権の設定を検討」していた。ファーマン自身は、この「九九年契約」による一時払いと、米国憲法に違反しない正当な補償を支持した。

ボールドウィンは、手紙で、「沖縄は東京の極東軍司令部の統制下にあると思う」として、人権協会に同司令部への抗議を提案したが、取材を受けた司令部の報道部は「いま係官がいないので、なんともいえない」と、取り合わなかった。

『朝日』には、日本の識者の声も掲載された。東大の横田（喜三郎）教授は、平和条約第三条のもとでは「日本政府としては……全然口を出せぬ立場にある」としながら、「アメリカ国民に向かって事実を明らかにし、アメリカ国内の世論によって問題が解決に向かえば、これにこしたことはない」と述べた。

戦後、本土に渡り、最初に日本復帰運動を始めた仲吉良光・沖縄日本復帰期成会長（元首里市長）は、「踏みにじる民主主義　日本復帰にも圧迫」と題する記事で、沖縄の軍用地問題、主席の任命制、復帰運動に対するさまざまな圧力について指摘したあと、「現在沖縄の八割は日本復帰を願っている。軍政には批判的だがこれは決して反米ではない。いまの沖縄を救う道は完全日本復帰、それが出来なければ行政権の移譲、往来の自由、日本円への還元の三つを実現しなければだめだ」と論じた。

上京中の当間（重剛）那覇市長（のちの琉球政府主席）は、記者に、「せまい土地だけに住民の執着は強い。だれも喜んで軍用地に貸そうという者はない。そのうえ、軍側で査定した地代と地主の希望との開きが大きいので、話がまとまらない」と苦言を呈した。

また日本自由人権協会の海野普吉理事長は、「われわれの同胞に関することをアメリカ人から知らされたことは、いままでの無自覚が反省」されると自省の念を語った上で、「たとえ戦時下といえども人権は尊重されなければならない」と述べた。

『朝日新聞』は、その後何日にもわたって沖縄問題を追求し続けた。翌日は「沖縄民政について訴える」と題する社説で、「沖縄において、住民の人権がいちじるしく侵害されているとすれば、その統治政策は民主主義の擁護者として自ら任じているアメリカとして、はなはだ似合わしくないものと、考えざるを得ない」と糾弾した。また、自由人権協会が「沖縄民政」に関して討議することになっているとして、同協会の参与である作家・石川達三と中村哲・法政大学教授の談話、さらに米国の軍事筋と議会権威筋が沖縄に重大な土地問題があることを認めたとのＡＰ通信記事を掲載した。石川は日本政府の「怠慢」を批判し、中村は「人間として、同胞としてこの際にこそ深い関心を沖縄にそそぐべきだと痛感する」と「日本人」としての「義務」を強調した。

### ✴米国は報道内容を否定

一月一五日には、『朝日新聞』は自由人権協会が沖縄出身者や法務省人権擁護局の担当者なども参加して開いた会議の模様を報じたほか、「報道は誤って述べられており、意識的なうそである」

「(軍用地料に対する)不平の背後には共産主義の影響がある」との在沖米民政府副長官の談話と、報道内容に否定的な二人の米下院議員のコメントを伝えた。

さらに一月一七日には、米極東軍司令部報道部の二千五百語にのぼる声明全文と、それに対する人権協会の反論を掲載した。報道部の声明は、まず人権協会の報告が現地調査に基づいていないことや、「人の話、うわさ話、間違った情報、偏見などに基づいた沖縄(について)の報道は別に珍しいことではない」という、信頼性を疑問視する文言で始まる。その上で、人権協会が行った指摘に反論し、次の結論を述べた。

当司令部としては、目下のところ、琉球が一九四五年以後にとげた発展を自由人権協会の調査員たちが認めたかどうか、あるいはそれが同協会の報告に反映されているかどうかは知らない。もし事実がそうでないとすれば、右の調査員たちは、琉球の米民政府当局が発行した民政活動報告のデータを検討すべきであったであろう。もし上記の事実が考慮に入れられておれば、彼らの報告は米琉球民政当局が一九四五年の終戦以来に成し遂げた輝かしい記録に調査員たちは感銘し、その報告はこれを反映させていたろうと思われる。

米琉球民政当局は、一九四五年以来、沖縄で「輝かしい」成果を挙げた、その成果を知れば、自由人権協会の調査員たちは「感銘」したであろう、と言うのである。その一方で、土地は「共産侵略の脅威に対して、アジアの自由諸国を護るための基地建設」に必要だと述べた。また賃金格差はあるものの、それは「賃金は労働者の出身国の比較的な経済水準に基き支払われるべき」だという考え方によるもので、しかも沖縄人の基本給は「同島の歴史上最高」の水準にある、と強弁した。人民党事件に関しては、間接的ながら、同党と日本共産党との親近性や類似性を問題視した。

しかし、この占領軍の主張は、実態を反映しておらず、説得力を欠いていた。沖縄住民の不満や要望にも応えていなかった。

すでに一九五三年五月、住民から選出された琉球政府立法院は、「琉球住民の所有土地二万六〇〇〇エーカーが既に軍用基地の犠牲となり、該土地に対する解決を見ない矢先、突如として布令第一〇九号の公布により軍用地拡張のため強制立退《たちのき》と土地収用宣告をみるに至ったこと」について、これを世界人権宣言と国連憲章に定められた「基本的人権の侵害（所有権の侵害）」とする琉球列島米国民政副長官宛ての決議を採択していた。さらに五四年には、合衆国の大統領、国務長官、上下両院の議長など宛てに「軍用地処理に関する請願決議」を可決し、米軍使用地は軍の発表で四万二千四二四エーカー（沖縄の総面積の一四％、耕地面積の四一・二％）に達し、しかも使用料は地主希望額の九分の一に過ぎず、「住民の窮乏は、言語に絶する」と訴えていた。軍用地面積に関する米極東軍司令部報道部の数字は、こうした現実を大きく下回っていた。

## ✴沖縄住民の問題は米国の「内政問題」！

『朝日新聞』は、自由人権協会のさらなる反論を掲載した。こうした一連の報道を受けて、一月二一日には、衆議院内閣委員会も自由人権協会の調査報告を取り上げた。この中で、政府は実情を掌握しているかという議員の質問に対し、石井総理府南方連絡事務局長は、「米軍の管理権に基く内政問題については、われわれとしては調査の権能がないので詳しい資料は持たぬ。内地で聞く断片的な事情や、現地新聞の報道については深い関心を持っているが、自由人権協会の報告が正しいかどうかについては、いまのところ申上げる程度にはなっていない」と答えた。

沖縄住民の問題は米国の「内政問題」であり、日本には調査権がない、というのである。また外務省アジア局長も「相当前から土地問題について住民に不満があるというのは間接的に聞いている。現地の立法院で決議をワシントンに送り、また米国でもこれを取り上げたことも聞いている」としながらも、外務省としても「出来る限りの調査を進めたい」と述べるにとどめた。

また林法制局長官は、「(沖縄に対する日本の）領土権は残されているので、その立場からは住民は日本国民」と言いつつ、「しかし、立法、行政、司法の三権がアメリカ側にあるので、日本憲法が働く余地はない」と答弁した。

「朝日報道」によって触発された軍政批判に対処するため、在沖米軍は五五年四月、本土から記者団を招待した。しかし、米軍にとっては、これは逆効果だったようだ。

たとえば『産経新聞』の記者は、「悲しい眼は何を訴える　記者団を奪い合い　沖縄人の口を封ずる？　米軍、異常な歓迎」と題する記事（四月一二日）でこう伝えた。

日本の各新聞に沖縄に案内すると米軍から通知があったのはたった出発四日前であった。そして米軍機の中で書かされた誓約書には「滞在は五日に限る。その間身の安全は保証しない」とあって記者たちは高度のせいばかりでなく息苦しくなってきた。沖縄の原爆基地（注・嘉手納飛行場のことか）から那覇飛行場に着陸した時、向こうからドッとばかり人々が押しかけてきた。沖縄の記者たちが挨拶を求めてくる。一〇人の和服の美人が花束を一人一人に渡してくれる。案内役が米当局とはまるで奪い合いで記者たちは両手の荷物を持て余してマゴマゴするばかりだった。

今度は米軍の歓迎が負けじと始まった。一六台の自動車に案内係をいちいちつけて、ムーア琉球軍司令官以下総出の案内が始まった。これが四日間続くのだ。われわれはどうやって民衆の声を聞く時間を見つけようか。

『産経新聞』は、さらに「沖縄基地のカメラルポ」や「ひめゆりの乙女の遺骨踏み越えて きょうも行く米戦車 悲しみ消えぬ沖縄戦の跡」という記事を載せた。続いて「沖縄の三相」という特集記事を三日にわたって連載した。それぞれのタイトルは、「永久化す軍事基地 一般住民を〝補助労力〟視」「高まる生活不安 労組結成できぬ軍労働者」「土地問題解決にメド 日本の援助こそ唯一の途」。そして記事には、「沖縄は原爆基地である」「統治者である米軍は沖縄人を基地の補助労力としてみている。決して生産の主力とか不協力的な自治的社会になることを希望していない」「沖縄の軍政は……露骨に米軍事利益に集中的になされている」「軍事情勢が変らなければ沖縄の永久軍事基地としての性格は変るまい。それでも現状では反対運動は必ず高まるし米国もやがて譲歩せざるをえないことは今の動向として必然であろう。しかしそれの実現は日本本土での国民、政府の双方からの応援が推進力となってはじめてできる」といった文章が並ぶ。

米国人記者も招かれた。その一人、『ニューヨーク・タイムズ』のロバート・トランブル記者が、沖縄を四万人の米国軍人や軍属が住む「リトル・アメリカ」と称したことは、すでに紹介した(五九頁)。それによれば、沖縄住民が土地を奪われるなどして苦難にあえいでいたとき、その「リトル・アメリカ」には米国から送られるテレビ放送を受信するためのアンテナの立つ「小ぎれいな住宅」が並び、基地内には一八ホールのゴルフ場や九〇万ドルをかけて建設したスポーツ場など「いろいろな設備がごったがえしていた」。

その後、軍用地について沖縄では「島ぐるみ」の抗議運動に発展し、琉球政府行政府、琉球政府立法院、市町村長会、軍用土地連合会が四者協議会（のち、市町村議長会が加入して五者協議会）を結成し、「沖縄の軍用地問題は日本の領土主権を侵し、全住民の死活に関係する」として「日本住民の保護は日本政府の責任たることを銘記し、強力なる対米折衝を切望す」と日本政府に電報を送るほか、米国や日本本土へ陳情団を送る事態になった。

東京に着いた代表団は、記者会見で「鳩山首相は（土地を奪われた住民を）他の島に移住させてはなどといっているが」とか「芦田均氏（元首相）は、米軍がいるために沖縄の生活は向上したというが」という質問を受けた。それに対して代表団は、「沖縄はとられてもいいということですか」「芦田さんは現地を見たことがあるのですか」と切り返している。代表団と会った重光外相、根本官房長官、鳩山首相らは、「善処」を約束したという。

## ✴アメリカ的原則を訴えたボールドウィン

日本政府の煮え切らない態度とは対照的に、米自由人権協会顧問のボールドウィンは、「（沖縄の実態を知らせてくれれば）私たちはアメリカ当局とこの問題について交渉します」と手紙に書いた通り、活発な動きを見せた。

たとえば、現地沖縄を視察して、四者協の意見を無視する軍用地の長期借地を勧告した米国下院軍事委員会特別小委員会（プライス委員会）に対し、ボールドウィンは米国自由人権協会国際顧問の名で、「軍事目的のために耕地を取り上げることの中には、人権問題は含まれていないように見えるかもしれないが、……われわれは法律による正当な手続きという基本的問題をひき起こしていることを指摘します。というのは、これらの土地は軍政府のもとで住民は決定を争ういかなる力も権利ももつことなく取り上げられているからであります」と批判し、「正当な手続きと民主的協議というアメリカ的原則」を連邦議会への勧告書にとり入れるよう要請した。

米国自由人権協会の一九五五年年次報告書は次のように述べる。

西ドイツの主権回復とオーストリアとの平和条約締結により、琉球だけが第二次世界大戦による米軍占領地として残されている。太平洋最大の軍事基地は、琉球列島で最も大きな島である沖縄におかれている。軍事支配は徹底している。それに対する協会の関心は、日本自由人権協会を通じて提起された。政治への抑圧、専断的な統制、十分な補償なしの農地収用により住民の権利が侵犯されている、とのことであった。最終的な主権が日本にあるとの米国の宣言をもとに沖縄住民を代弁する同協会は、当協会に、問題を国防省に提示するよう要請した。当協会は、そのように要請した。議論になっているのは事実関係ではないが、軍事的安全保障と地域自治の齟齬《そご》は明らかであり、論争するに足る。当協会は、国防省と国務省に一連の提案を行った。……国防省は、日本人記者団による取材を認めた。彼らは、軍政府の規制および基地建設のための土地収用に関して一般的に知られていることのみを報道した。沖縄の問題は、世界中で報道され、とりわけ共産圏の報道機関で大々的に報じられた。

報告書は「軍事植民地」という言葉こそ使っていないが、内容的にはそれに近い表現となっている。

軍用地問題については、重光外務大臣がアリソン駐日米国大使に、後任の藤山一郎外相がマッカーサー大使に一括払い停止を申し入れたりしたが、基本的には交渉は米国政府と沖縄の五者協議会の間でなされた。そして、行政府や立法院の総辞職騒ぎもあって、米国防省が沖縄側の要求に妥協する形で解決した。

## 5 日米地位協定にみる従属の構図

外務省のウェブサイト「日米地位協定Q＆A」によると、日米地位協定は日本と極東の安全を守るためのものであり、しかも国際法に準じており、特に問題はない。なぜ、米軍と米軍人・軍属を、日本人とは別の特別扱いをするのかについても、日本と極東の安全のため、そして国際法の慣行に即している、という説明で済ませている。

### ✶米軍優先の日米地位協定

ところが、この日米地位協定は、米軍基地が集中する沖縄と沖縄住民にとっては、その安全や権利を二の次にして、国家間の軍事同盟、米国の軍事政策、日本の安全保障を優先させる米軍優先の取り決めにほかならない。

日米地位協定（Status of Forces Agreement＝ＳＯＦＡ。正式名称は「日本国とアメリカ合衆国との間の相互協力及び安全保障条約第六条に基づく施設及び区域並びに日本国における合衆国軍隊の地位に関する協定」）によれば、「米軍は、日本と極東の平和と安全の維持に寄与する目的で日本に駐留している。そこで、この米軍が円滑に活動できるようにするため、米軍への「施設・区域の提供手続き」、米軍や米軍人・軍属およびその家族に関する「出入国や租税、刑事裁判権や民事請求権」、すなわち日本における米軍とその要員の「法的地位（status）」について規定しているのが日米地位協定だ（米軍は、これらの軍人、軍属［米軍で働く米国民間人＝文民］、家族を「ＳＯＦＡ要員」と称する)。

外務省のQ&Aは、「日米地位協定は、他国におけるこの種の条約の例も踏まえて作成されたものであり、外国軍隊の扱いに関する国際的慣行からみても均衡のとれたものです」と断わったうえで、次のように述べる。

具体的には、日米地位協定では、米軍に対する施設・区域の提供手続、我が国にいる米軍やこれに属する米軍人、軍属(米軍に雇用されている軍人以外の米国人)、更にはそれらの家族に関し、出入国や租税、刑事裁判権や民事請求権などの事項について規定しています。このような取扱いは、日本と極東の平和と安全に寄与するため、米軍が我が国に安定的に駐留するとともに円滑に活動できるようにするために定められているものです。一方、米軍や米軍人などが我が国に駐留し活動するに当たって、日本の法令を尊重し、公共の安全に妥当な考慮を払わなければならないのは言うまでもなく、日米地位協定はこのような点も規定しています。

これは、第一問「日米地位協定は、在日米軍の特権を認めることを目的としたものですか」(傍線=引用者)に対する回答である。

ところが、上記の文章は、日米地位協定が「在日米軍の特権を認める」ものかどうかという自らの設問に答えていない。逆に、「日本と極東の平和と安全に寄与するため、米軍が我が国に安定的に駐留するとともに円滑に活動できるようにするために」米軍への「施設・区域の提供手続」や米軍人・軍属、その家族の「出入国や租税、刑事裁判権や民事請求権」について規定しているという。その内容から見て、それこそ「在日米軍の特権」を認めている証拠だと思われるのに、外務省はそれを「特権」だとは考えていない様子だ。裁判権や租税などについては、追って検討してみよう。

## ✴米軍基地と日本国憲法

米軍に「特権」を認めているのでなければ、米軍といえども日本の法律の枠内で活動しなければならない。日本の最高法規である日本国憲法の第九条は、「日本国民は、……武力による威嚇又は武力の行使は、国際紛争を解決する手段としては、永久にこれを放棄する。……国の交戦権は、これを認めない」と定めている。

ところが、在日米軍は沖縄や岩国などで戦闘訓練をしては海外での戦闘に参加する。沖縄を基地とするさまざまな爆撃機、戦闘機、輸送機、軍艦（そしてもちろん、これらを操縦する、あるいはこれらに乗り込んで出撃する海兵隊や陸軍特殊部隊の要員も）がかつては朝鮮半島やベトナム、近年はイラクやアフガニスタンの戦闘に加わった。現在では、日米安全保障条約が守備範囲とする「日本と極東」は地理的意味を失い、米軍再編によって自衛隊という日本軍は米軍の世界戦略に組み込まれつつある。

憲法と在日米軍、日本におけるその地位との関係をこのように見た場合、上記の外務省の説明は適切だろうか。たとえば、沖縄にある嘉手納飛行場やホワイトビーチ軍港からは、米軍が世界各地の戦場へ向けて出撃する。米軍の一連の行為——偵察、出撃、捕虜拘束、銃撃、爆弾投下、ミサイル発射——は、憲法第九条に抵触しないのだろうか。

日本国内でありながら、米軍が日本国憲法の拘束を受けない、すなわち日本国民の総意に反したことを行うというのは、治外法権そのものではないだろうか。また、米軍の行動が、日本政府の承認のもとで行われているとしたら、日本そのものが戦争に加担していることにはならないだろうか。

日本への核持ち込みと同じように、日本からの米軍出撃などについても日米政府間の「事前協議」が行われるはずであるが、いずれについても日本政府が公式に異議申し立てをしたためしはない。「事前協議」とは名ばかりで、日本政府が米軍の行動を「黙認」しているのである。

戦闘機や軍艦（そして米兵たち）が出撃するだけでなく、航空機事故や爆音や廃油などが周辺住民の健康や安全を脅《おびや》かす。海兵隊が宿営して実弾訓練を行うキャンプ・ハンセンの近くでは、山野火災や流弾事故も起こる。ところが、公害問題が発生しても、日本の自治体には基地立ち入りが認められていない（一九九六年に、「米軍は……軍の運用を妨げることがない限り、すべての妥当な考慮を払う」ことが、日米間で合意された。しかし、沖縄県はそれ以降、二五回、環境汚染や埋蔵文化財の調査のため基地内への立ち入り許可を申請したが、八回は不許可となり、二回は回答さえなかった。許可・不許可は、米軍の裁量にまかされているからである）。

そもそも、基地内の汚染については、日本の法令が適用されない。地位協定第四条によれば、基地返還に際して、米国は汚染物質を片付けて土地を元の状態に戻す必要はないのだ。米国本土では、基地閉鎖に際して国防省にクリーンアップ（浄化）が義務づけられているのに、である。

こんなわけだから、米軍が使用中の基地で汚染物質が使用または廃棄されているかどうかを、日本は立ち入り検査できない。それでいて、返還後に汚染物質が発見されれば、除去責任を負うのは日本政府だ（本島北部の演習場内にあるいくつかのダム＝水源地では、米軍が使用したと思われる銃弾も発見されている）。

二〇〇四年八月に普天間飛行場の近くで起きた沖縄国際大学構内への米軍ヘリコプター墜落事故では、基地外であっても、日本の警察の捜索や検証の権限は及ばないことが露呈された。

## ✴日本の法律は適用されない

ところで、日本に駐留する米軍や軍人は「日本の法令を尊重し……」と外務省Q＆Aにはあった。そこで、問三「米軍には日本の法律が適用されないのですか」に対する回答をのぞいてみよう。

それには、まずこうある。

「一般国際法上、駐留を認められた外国軍隊には特別の取決めがない限り接受国の法令は適用されず、このことは、日本に駐留する米軍についても同様です。このため、米軍の行為や、米軍という組織を構成する個々の米軍人や軍属の公務執行中の行為には日本の法律は原則として適用されませんが、これは日米地位協定がそのように規定しているからではなく、国際法の原則によるものです（傍線＝引用者、以下同じ）」。

第一問では「米軍や米軍人などが我が国に駐留し活動するに当たって、日本の法令を尊重し、公共の安全に妥当な考慮を払わなければならないのは言うまでもなく」と書いてあるのに、ここでは一転して、「一般国際法」や「国際法の原則」を根拠に、「米軍の行為や、米軍という組織を構成する個々の米軍人や軍属の公務執行中の行為には日本の法律は原則として適用されません」という。どのような国際法なのかは示されていない。

「特別の取決めがない限り……適用されず」ということは、日米間で合意さえすれば例外もありうるということだ。それについては、後で見ることにして、外務省のQ＆Aに戻ろう。

問三の回答はこう続ける。「一方で、同じく一般国際法上、米軍や米軍人などが我が国で活動するに当たって、日本の法令を尊重しなければならない義務を負っており、日米地位協定にも、これを踏まえた規定がおかれています」。またまた「国際法」にのっとって、米軍や米軍人は日本の法令を「尊重」する「義務」を負っている、という。これは、米軍と、いわゆる「公務執行中」の軍人・軍属に関する規定であるが、「尊重」や「義務」の程度は明記されていない。

「公務執行中でない米軍人や軍属、また、米軍人や軍属の家族」についての回答はこうだ。「特定の分野の国内法の適用を除外するとの日米地位協定上の規定がある場合を除き、日本の法令が適用されます」。

すなわち、公務中でない場合は日本の法令が適用されるが、しかし特別の規定がある場合には、日本の法令は適用されないということだ。米軍や米軍人・軍属に「特権」を認めているわけではない、という外務省の主張と矛盾する。「特別の規定がある場合」という例外規定そのものが、日本国民には認められない複数の「特権」を米軍・軍人に与えていることを白状しているようなものだ。

## ✴日本の法令は適用？　適用外？

第四問は「在日米軍の基地はアメリカの領土で治外法権なのですか」。

これに対して、外務省のQ&Aは次のように説明する。

「米軍の施設・区域は、日本の領域であり、日本政府が米国に対しその使用を許しているものですので、アメリカの領域ではありません。したがって、米軍の施設・区域内でも日本の法令は適用されています。その結果、例えば米軍施設・区域内で日本の業者が建設工事等を行う場合には、国内法に基づいた届出、許可等が必要となります。なお、米軍自体には、特別の取決めがない限り日本の法令は適用されないことは、先に説明したとおりです」

外務省は問三で「米軍の行為や、米軍という組織を構成する個々の米軍人や軍属の公務執行中の行為には日本の法律は原則として適用されません」と答えたのに、ここでは、米軍基地は日本の「領域」であり、日本が米国に使用を許しているに過ぎない、したがって基地内にも日本の法令は「適用されています」という。

すると、米軍基地は治外法権地域ではないのか。

そのように受け取りそうになる文章だが、適用される例として挙げられているのは、米軍基地内の米軍や軍人・軍属ではなく、基地内で工事を行う日本の建設業者。

「米軍」はどうかというと、結局のところ、「特別の取決めがない限り日本の法令は適用されない」。またしても「特別の取り決めがない限り」という条件つきだ。日本の建築業者の例を挙げて、米軍基地が日本の法令の適用下にある、と言えるだろうか。基地内における日本人ガード（歩哨）

の銃砲保持や日本人の強盗や運転違反には、どこの国の法令が適用されるのだろうか。いや、そもそも、基地内で米軍や米兵が日本の法令に違反した場合（安全飛行違反、住民地域における過剰騒音、誤爆・誤射、環境汚染、婦女暴行、麻薬保持、密輸、交通事故、飲酒運転など）は、日本の法令が適用されるのだろうか。それが質問の趣旨であるはずだのに、それにはまともに答えていない。

## ✴米軍の運転許可証だけで走れる日本の道路

米軍に日本の法令が適用されないということは、米軍が駐留・演習・兵站《へいたん》（作戦に必要な物資の補給や整備・連絡のための後方支援）・通信・出撃などのために利用する基地には日本の主権が及ばない、すなわち治外法権地域ではないのか。

もしも、日本の主権が及ぶのであれば、在日米軍および米軍人・軍属は、日本人と同様、日本の憲法および諸法令に服さなければならないはずだが、そうではないという。

たとえば、日本人・外国人に限らず、日本で車を運転するためには都道府県の公安委員会が発行する免許証が必要だが、日米地位協定によれば、「日本にある米軍人、軍属及びそれらの家族が日本で自動車を運転するためには、在日米軍による日本の交通法規等の講習を受けた上で、在日米軍が発行する運転許可証を携帯することとされています」という。日本の道路を走るのに、日本の免許証あるいは国際免許証ではなく、米軍の運転許可証で運転することが許されているのだ。

これは第七問「米軍人やその家族は、アメリカの運転免許証だけで自由に日本国内で自動車を運転できる特権を与えられているのですか」に対する回答だが、外務省はこれを「特権」とは考えていないらしい。

米軍機の騒音や飛行高度、米軍の艦船、米軍基地内の廃棄物処理、米軍基地内の事故や犯罪にも、日本の法令は適用されない。

嘉手納基地が管理していた沖縄上空の航空機管制業務は、平成一六（二〇〇四）年一二月、三年後に空域とともに日本に移管されることになったが、「緊急事態発生等、米軍が従来どおり任務を遂行するための要件」を満たすという条件つきだ。管轄が国土交通省に移るだけで、日本の空域といえども米軍機優先に変わりはない。

問八も、次のように「特権」について尋ねる。「米軍人やその家族は、モノを輸入したり、日本国内でモノやサービスを購入する時に税を課されない特権を与えられているのですか」

回答は、「日米地位協定の下では、米軍人、軍属及びそれらの家族に仕向けられ、かつ、これらの者の私用に供される財産についても、初めて日本に赴任する際に持ち込む身回品や私用のため輸入する車両などの限られたものを除いては、関税が課せられます」。つまり、軍人や軍属だけでなく、その家族まで、自家用車や家具などにかかる税金は免除されるのである。

しかも、日本滞在中に得る所得、所有する動産（投資目的や事業目的の財産を除く）、基地内で購入する物品には、課税されない。

外務省によれば、これも「特権」ではない。「このような課税・免税については、NATO地位協定などにも類似の規定があり、日米地位協定の規定は、国際的慣行に鑑《かんが》みても均衡を失しているわけではありません」というのが、外務省の説明だ。

## ✷犯罪の捜査・公判・刑執行は適切か

次に、よく問題になる米軍人・軍属の犯罪の扱いを、問九「米軍人が日本で犯罪（罪）を犯してもアメリカが日本にその米軍人の身柄を渡さないというのは不公平ではないですか。日本側に身柄がなければ、米軍人はアメリカに逃げ帰ったりできるのではないですか」と、問一〇「日米地位協定の規定が不十分だから米軍人の犯罪が減らないのではないですか」への回答で見てみよう。

外務省の基本的な立場は、「米軍人等による犯罪をめぐる捜査、公判及び刑執行は、日米地位協定の規定に従い、日米双方の関係当局により適切に行われてきています」というものだ。どのように「適切」なのか、検証してみよう。

外務省は言う。「まず、米軍人・軍属の家族等米国の軍法に服しない者が罪を犯した場合については、日本人が罪を犯した場合と同様に扱われます」。

家族などは一般の他の滞日米国市民と同じく米国軍法ではなく、日本の法令の適用を受ける、というのである。しかし、日本の警察は米軍基地に入れないのに、たとえば基地内に住む米国市民の犯罪や家庭内あるいは学内の犯罪について、どのようにして捜査するのだろうか。こうした市民の自動車事故や飲酒による事件・事故について、筆者は沖縄県警に問い合わせたが、米軍から通知がないので、実態は把握していないとのことだった。

最も問題になる公務外の軍人・軍属の犯罪については、外務省は次のように説明する。

日本で米軍人等米国の軍法に服する者（以下「米軍人等」という）が公務外で罪を犯した場合であって、日本の警察が現行犯逮捕等を行ったときには、それら被疑者の身柄は、米側ではなく、日本側が確保し続けます。被疑者が米軍人等の場合で、米軍施設・区域の中にいる場合には、日米地位協定に基づき、日本側で公訴が提起されるまで、米側が拘禁を行うこととされています。しかし、被疑者の身柄が米側にある場合も、日本の捜査当局は、個別の事案について必要と認める場合は、米軍当局に対して、例えば被疑者を拘禁施設に収容して逃走防止を図るよう要請することもあり、米軍当局は、このような日本側当局の要請も含め事件の内容その他の具体的事情を考慮して、その責任と判断において必要な措置を講じています。（なお、例えば平成四年に沖縄市で発生した強盗致傷事件や平成五年に沖縄市で発生した強姦致傷事件では、被疑者が米国へ逃亡するということがありましたが、いずれもその後米国内で被疑者の身柄が拘束され、米国により在沖縄米軍当局に身柄を移された後に処分が行われています。）

現行犯逮捕についてはとくに問題はなさそうだ。しかし、被疑者が基地内に逃げ込んだ場合、日本側が公訴（起訴）するまでは米側が拘禁する（→日本側は「任意出頭」させて取り調べることができる）、というのは、米軍基地が日本の警察の管轄外というだけではなく、取り調べについても被疑者が日本人や一般の在留外国人の場合と異なる。容疑者の軍人・軍属は、基地内にいる間、捜査や起訴についていろいろな助言を受け、ときには仲間同士で打ち合わせることもできるだろう。

一九九五年に米兵三人が一二歳の小学生をレンタカーで拉致して強姦した事件で、米軍は地位協定の規定に基づき、日本側への即時引き渡しを拒んだ。事件が発生したのは九月四日、沖縄県警が逮捕状をとったのは九月七日、那覇地検が那覇地裁へ起訴し、米軍が容疑者を日本側に引き渡したのはなんと九月二九日であった。その間、米軍は容疑者を基地内に拘禁し、車で県警に送迎して任意出頭による取り調べを受けさせた。

米兵三人による小学生への集団暴行という事件の悪質さに加えて、容疑者が基地内から任意出頭する形で取り調べを受け、身柄引き渡しに三週間もかかったということで、地位協定で守られた米軍基地（とその要員）という実態が改めて浮き彫りになり、多くの沖縄県民の怒りを買う結果になった。県知事や沖縄県議会をはじめ、さまざまな団体が改めて基地の整理縮小と日米地位協定の見直し（改定）を日本政府に要求した。

### ✴米側の「好意的な考慮」に委ねられた犯罪者の身柄引き渡し

そうした動きを受けて、日米両政府は、急遽《きゅうきょ》、それまでやはり「適切」とされてきた地位協定を再検討することにした。その結果、日米合同委員会は一九九五年一〇月、次のように合意した。

「合衆国は、殺人又は強姦という凶悪な犯罪（heinous crimes）の特定の場合に日本国が行うことがある被疑者の起訴前の拘禁の移転についてのいかなる要請に対しても好意的な考慮（sympathetic consideration）を払う。合衆国は、日本国が考慮されるべきと信ずるその他の特定の場合について同国が合同委員会において提示することがある特別の見解を十分に考慮する」。

外務省によれば、「身柄の移転のタイミングに関する日米地位協定の規定は、各種地位協定と比較して、受け入れ国に最も有利な規定」*となっているものの、少女暴行事件を受けて、「殺人又は強姦等については、起訴よりも前の段階で、日本側から米側に対し、被疑者の身柄の引渡しを要請できる仕組み」を作ったのだという。

＊外務省のサイトは、「派遣国（米側）が被疑者を拘禁している場合には受け入れ国（日本側）による起訴の時点まで引き続き派遣国が被疑者を拘禁するという考え方は、米国も参加している北大西洋条約機構（NATO）の諸国が締結しているNATO地位協定と同じ考え方です。（中略）米国が韓国と締結している米韓地位協定では、このようなケースでの韓国側への身柄引渡は、一二種類の凶悪な犯罪の場合は韓国側による起訴時、それ以外の犯罪については判決確定後とされています）」と説明している。なお、ドイツに駐留する米軍を含むNATO諸国軍のための地位協定（ボン補足協定）では、身柄は原則として判決執行時に引き渡されるという。

しかしその外務省によれば、一九六三年発効のボン補足協定第二二条によって、米軍・軍属・家族の身柄拘留は、基本的に派遣国（米国）当局が行うが、ドイツ当局の要請があればドイツ側への拘留移転について「好意的考慮」を払うことになっている。また九三年に追加された第二八条では、ドイツの「公共の秩序及び安全が危うくされ、又は侵害される」場合、ドイツ警察は基地内で「その任務を遂行する権限を有する」とされた（本間浩他『各国間地位協定の適用に関する比較論考察』、三〇八～三一二頁）。

外務省はまた、「受け入れ国が、起訴前に被疑者の身柄の引渡しを要請することができる仕組みに基づいて何度も実際に起訴前の身柄の引渡しが行われている地位協定は日米地位協定以外にはなく、この意味では、日米地位協定がいちばん進んでいるということができます」と説明する。

日本では、少女暴行事件が起こるまで、凶悪犯罪といえども、公訴までの容疑者引き渡しが行われなかったことや、今後は「好意的な考慮」が払われるということの実効性については、説明がない。

しかも、沖縄では二〇〇〇年七月に海兵隊員による住居侵入・準強制わいせつ事件、〇一年一月に海兵隊員による強制わいせつ事件、同年六月末に嘉手納航空基地所属の隊員による婦女暴行事件が発生した。そのうち、少なくとも婦女暴行事件は上記の日米合意（米側の「好意的考慮」による起訴前引き渡し）に該当するはずであるが、米軍はそれを守らなかった。

これについて、外務省は、事件後の同年八月、「沖縄米兵による暴行事件がまた起こってしまいました。沖縄県民をはじめ多くの国民は日米地位協定の運用の見直しによる解決方法では限界があるのではないかと考えています。日本はアメリカとの地位協定の抜本的な改正を検討してゆくのでしょうか。教えてください」という問いをサイトに掲載、あわせてそれへの回答を載せた。次にその回答について見てみよう。

**✴協定は「改正」より「運用の改善」**

日米地協定の改定の可能性について、外務省の回答は、「日本及びアジア太平洋地域の平和と安定のためには米軍の存在が重要であり、その基礎となる米軍の日本への駐留は、日米安保条約によって認められています。また、米軍の日本への駐留に関し、日米地位協定は、米軍による施設・区域の使用や米軍人などの日本での権利・義務について定めています」という大前提を述べたうえで、こう説明していた。

「日米間においては、……平成七年の沖縄県での少女暴行事件後、殺人、強姦等については、起訴よりも前の段階で身柄の引渡しができるようにしました。なお、日米間で合意されたような起訴前の引渡しは、米国が地位協定を結ぶ他のどの国との間でも行われていません。これを実現に移す際には、日米地位協定の改正で行うことは時間がかかることもあり、日米地位協定に基づいて設置された日米合同委員会で合意を行うという形をとりました。このようなやり方を『運用の改善』と言います」

本来なら地位協定を「改正」すべきであるが、それには「時間がかかる」ので、「運用の改善」という方法をとった、というのである。

ところがこの「運用の改善」は、二〇〇一年の前述の事件についてはうまくいかなかった。外務省によると、「平成八（一九九五）年にこの合意に基づき引渡しが行われた例がありますが、今回再び事件が起き、被疑者の身柄の引渡しが問題となりました。今回、米側が身柄引渡し後の米軍人の人権の保障について確認を得たいと言ってきたこともあり、身柄の引渡しを要請してから実際に引き渡されるまで四日間かかりました」。

それでも政府は、地位協定の改定ではなく、「運用の改善」にこだわった。外務省回答はこう述べている。「政府としては、今後、いかにしてより迅速に身柄引渡しが行われるようにしていくか、また、殺人、強姦以外のどのような場合に引渡しが行われるべきか等について、日米間で協議していく考えです。協議の結果がまとまれば、これを迅速に実施に移すために、平成七年の場合と同様に、日米合同委員会での合意を通じた運用の改善というやり方で実施していく考えです」。

とはいえ、ときの外務省（大臣・田中真紀子）は、改正への姿勢も見せた。「このような運用の改善が十分効果的でない場合には、日本のみで決定し得ることではありませんが、日米地位協定の改正も視野に入れていくことになると考えています。この点については、平成一三（二〇〇一）年七月二四日に小泉総理からパウエル米国務長官に伝えたところです」。

しかし、それから数年の「時間」がたったにもかかわらず、政府は地位協定の「改正」には否定的だ。

その要因は、おそらく、二〇〇三年五月の沖縄県での婦女暴行致傷事件と二〇〇六年一月の神奈川県横須賀市での強盗殺人事件で、米側が起訴前に容疑者の米兵を日本側当局に引き渡したことにより、「運用の改善」で済むと考えたからであろう。

横須賀市で女性が米航空兵に殴打殺害された事件では、日米両政府が沖縄での同種の事件では考えられない動きを見せた。米国訪問中の外務副大臣が国務次官補に捜査協力を要請し、東京では外務省高官から在日米国大使臨時代理大使や在日米軍副司令官に「遺憾の意」を表するほか綱紀粛正などを申し入れ、米側が「遺憾の意」や「深い弔意」を表明し、米第七艦隊司令官や在日米海軍司令官が神奈川県知事や横須賀市長を訪問して謝罪したあと、横浜地裁は求刑通り無期懲役の判決を言い渡したのである（沖縄で少女暴行事件を起こした米兵三人の判決は、懲役六年六ヶ月から七年の実刑）。一方では、日米合同委員会合意に基づき、容疑者の取り調べには米軍代表者が同席した。日本人や一般外国人とは異なる特別扱いである。米軍人・軍属に限り、日本は米国の法律や慣例にしたがって容疑者の人権に配慮することにしたのである。

### ✴被害者救済には日本政府が補償金を補填

外務省の「日米地位協定Q＆A」には、「米軍人が事故などで日本人に怪我をさせても、米軍人は十分な財産を持っていなかったり、転勤してしまうため、被害者は泣き寝入りするケースが多いというのは本当ですか」という質問もある。

外務省は、そうした事例の有無についてはふれず、「被害者の便宜を図るため、日本政府が補償金を査定し、米国政府との間で補償金支払いの調整を行います。また、被害者が民事訴訟を提起することも当然のことながら可能です」と答える。さらに「このような規定に加え、更に、被害者救済を万全なものとするため、平成八年以降、日本にいるすべての米軍人、軍属及びそれらの家族を任意自動車保険に加入させる措置をとり、更に、日米地位協定の規定の下での支払い手続を改善するため、被害者に日本政府が無利子融資する制度、被害者の必要経費を米政府が前払いする制度、米国政府の支払い額が民事訴訟での判決額を下回った場合に日本政府が差額を補填《ほてん》する制度などが導入されています」と補足するだけだ。

加害者本人または米国政府が、判決にしたがわず、決められた補償額を支払わない場合には、日本政府が日本人被害者に対する便宜を図るほか、民事訴訟での補償金判決額との「差額を補填《ほてん》する」というのである。

これで、地位協定がいかに米軍や米軍人・軍属の「特権」を認めているかが明らかになったと思う。

以上の検証から、日本が主権の一部を捨て、憲法を曲げてまで、対米同盟を重視していることが見てとれるだろう。

一九九六年に沖縄県内移設を条件に全面返還が決まった普天間飛行場について、米国防省当局は当時、「普天間移転で実質的な前進が図られなければ、米国政府は一兵たりとも海兵隊を減らさない」と語ったという。まるで、日本が米国の属国であるかのような言い方ではないか。

外務省は、日米地位協定が国際法にのっとって結ばれていると強調する。しかしブッシュ政権は、米国が自国の国益にならない国際条約（地球環境の保全に関する京都議定書、核拡散禁止条約、戦争犯罪を裁く国際刑事裁判所、対人地雷禁止協約など）には参加しない国であることを示した。そのような国との地位協定が一般国際法に基づいているといっても、あまり説得力はない。

### ✴沖縄県の要請

在日米軍基地の大半を押しつけられている沖縄県からすれば、外務省の説明は「これでも独立国ですか」と問いただしたい、とんでもない話にしか聞こえない。沖縄県は、何度となく政府に地位協定の改定を要請しているが、日本政府は「運用の改善」によって対応するという態度を崩さない。沖縄県の要請のうち、主要なものを見てみよう。

一．日本国から起訴前の被疑者引き渡しの要請がある場合、米軍当局はこれに応ずることとする。

これについては、上記のように、九五年の少女強姦事件のあと、米側は重大な犯罪については「好意的考慮」を払うこととなったが、そのような配慮は米側の恣意的な判断に委ねられている。

その後、二〇〇四年には、起訴前の身柄引き渡しの対象となる事件に関して、該当する米軍司令部の代表者が日本側当局による被疑者の取調べに同席することが認められることになった。米国では弁護士同席が慣例だが、日本では日本人や一般外国人の事件容疑者については、こうした措置は認められない。米軍関係者にたいする特例措置と言ってよいだろう。

二．米軍の基地や施設が返還される場合、日米両政府は環境の汚染や破壊、不発弾などについて共同で調査し、原状回復措置をとらなければならない。費用分担については、両政府間で協議する。

これも現在は、返還跡地から汚染物質（ヒ素、鉛、六価クロム、タールなど）が発見されても米国は浄化・処理する義務を負わず、代わりに日本政府が処理している。

三．在日米軍の活動に日本の環境保全法令を適用し、米国はそうした活動によって発生する公害（ばい煙、汚水、赤土、廃棄物など）を防止し、自然環境を保全するのに必要な措置を講じるだけでなく、環境汚染を生じた場合はその責任で回復措置を講じる。米軍はまた、人、動植物、土壌、水、大気、文化財などへの影響を最小限に抑えるようにする。

在日米軍による環境汚染に対して、日米両政府は、日米のいずれか厳しい環境基準を適用することに合意し、二〇〇〇年の日米安全保障協議委員会（日米の防衛、外務担当大臣による会合、「2プラス2」）はそのための安全基準を定期的に見直すと発表した。しかし、沖縄県によれば、米国には基準遵守の義務はなく、しかも騒音、悪臭、振動に関しては基準さえ設けられていない。

沖縄県の要請は、実弾を使った演習には触れていない。実弾演習は、沖縄で人身事故や山野火事をたびたび起こしているだけでなく、プエルトリコのビエケス島では高いガン発症率につながっていると指摘されてきた。

四．米軍人・軍属、その家族の私有車両に対して、民間車両と同率の税金を課する。

沖縄県によると、米軍人・軍属の私有車両に対する税率は県民の税率の五分の一に過ぎず、同率で課税すれば県の大きな税収になるという。

## ✶住民を悩ませる米軍機の爆音を差し止められない日本

軍用機の爆音については、米軍は規制を約束しているものの、守られないことが多い。九六年三月には、嘉手納飛行場と普天間飛行場における航空機騒音規制について改善の合意を見た。たとえば、嘉手納飛行場の周辺では、離着陸時を含めて、「できる限り学校、病院を含む人口稠密《ちゅうみつ》(密集)地域(の)上空を避ける」ようにする。飛行場の中心から半径五マイル(八キロ)については、進入時の海抜一〇〇〇フィート(三〇五メートル)の最低高度を維持する」という内容の日米合意に達した。「離陸のために使用されるアフター・バーナー」も、「できる限り早く停止する」ことになった。アフター・バーナー(再燃焼装置)は、ジェット機の推進力を一時的に増やすためエンジンの排気燃料を再燃焼させるもので、ちょうど自動車のエンジンを吹かしたときのように騒音が高まる。嘉手納飛行場近辺や沖縄本島の陸地上空では、超音速飛行訓練も禁止された。夜一〇時から午前六時までの飛行は、「在日米軍に与えられた任務を達成し、又は飛行要員の練度を維持するために必要な最小限に制限される」ことになった。「日曜日の訓練飛行は差し控え、任務の所用を満たすために必要と考えられるものに制限される」、また「慰霊の日のような周辺地域社会にとって特別に意義のある日については、訓練飛行を最小限にするよう配慮する」ことも合意された。

普天間飛行場についても、同様の合意がなされた。飛行機の離着陸は「できる限り学校、病院などの人口密集地の上空を避けて飛ぶ」とか、「飛行場近隣では低空飛行をしない」とか、「アフター・バーナー使用は制限する」、「夜間や慰霊の日などの訓練飛行も制限する」といった内容である。

ところが、大型戦闘機などの離発着が多い嘉手納基地の周辺市町村では、祭日や早朝・深夜の騒音がひどく、二〇〇三年、数千人が日本と米国の両政府を相手に夜間の飛行差し止めと損害賠償を求める訴訟を起こした。那覇地方裁判所沖縄支部の裁判長は、二〇〇五年二月、「騒音は耐えられる限度を超え、睡眠を妨害されるなど、住民は日常生活の中で精神的被害を受けている」として、原告のうち三八〇〇人余りに総額およそ二八億円を支払うよう国に命じた。ただし、夜間の軍用機の飛行の差し止めについては、「国内法に特段の定めがないかぎり、アメリカ軍の活動を制限できない」という理由で訴えを退けた。騒音の原因は米軍にあるが、補償は日本政府が行う、しかも夜間の飛行については日本政府が認めているので制限できない、というのである。

この判決からも、日本政府が米軍をどれほど特別扱いしているかがよく分かる。

ところで、二〇〇四年八月に普天間飛行場所属の輸送大型ヘリコプターが飛行場に隣接する沖縄国際大学の建物外壁に墜落した際、米軍は基地外であったにもかかわらず日本側の立ち入り調査を拒んだ。これについて、外務省の地位協定室長は「軍事機密（という財産）」を守るためだった、と米軍を弁護した。*

＊それからまもなく（二〇〇五年四月）、日米は日本国内の米軍基地外で「航空機が墜落し又は着陸を余儀なくされた際に適用される」ガイドラインを策定する。それによると、このような米軍機墜落が起こった際、米軍は日本側から事前承認を得て公有地または私有地に立ち入ることになる。ただし、時間的に切迫している場合は、米軍の「然るべき代表者」は「必要な救助・復旧作業を行う」、あるいは米国の「財産を保護する」目的で、日本側の了解なしに立ち入ることが許される。その場合、米側は「(日本側の）財産に対し不必要な損害を与えないよう最善の努力」をしなければならない、とされた。このガイドラインによれば、米軍関係者は緊急時に限って事故現場への無断立ち入りを「許される」のであって、現場を占拠できるわけではない。通常の場合、「事故現場を行政上管轄する地方当局は、救助、応急医療、避難、消火及び警察の業務を含む必要な業務を適宜行う」ということだから、沖国大への墜落事故では、外務省や沖縄県の代表はもちろん、地元の警察や消防の立ち入りが認められなかったのはおかしい、ということになる。

このように、日米安全保障条約と、それに基づく日米地位協定は、日本と極東を守る米軍や米軍人・軍属ができるだけ活動しやすいようにという日本政府の姿勢に貫かれている。このような基本姿勢こそ日本の国益につながるという考え方に立てば、日米地位協定が米軍や米軍人・軍属を優遇するのは、何の不思議もない。

——日米地位協定そのものは、国際法の原則に沿っており、米軍や軍人・軍属には日本の法令を守る義務も課されているので、治外法権と批判されるいわれはない。協定はあくまで適切に運用されている。適切に運用されていないために深刻な事態が生じれば、そのときに運用の改善を図ればすむ。ただし、米軍の活動そのものを妨げることがあってはならない——。

これが、日本政府（外務省）の見解だ。

## ✴日本の主権を侵す地位協定

近代国家（独立国）というのは、一定の領域（領土）、政府、憲法、国民で構成される。

近代国際法によれば、独立国家の「主権」は平等であり（主権平等の原則）、他国の領域内で自国の権力を行使してはならない（主権不可侵の原則）。さらに近代民主主義国では、こうした主権は国民に由来する（国民主権の原則）。国民の信託を受けて成り立つ国家の主要な役割は、当然ながら、外国による侵入や内政干渉（主権侵犯）から国家（すなわち国土と国民）を守り、国内の秩序、国民の基本的権利や自由や利益を守ることにある。

本来、「領域」(陸土、領海、領空) こそは主権の基本であり、A国がB国の領域の一部を支配すればB国の「領土の保全」(あるいは「領土的一体性」) を損ねたことになり、A国がB国の領域内のことがら (人々の権利、政治、経済、軍事など) に介入したり、あるいはA国の国民がB国でその国民より高い特権をもてば、B国の主権は侵され、B国は主権国家とは言えなくなる。

もちろん、主権国家といえども国際社会の中で存在するわけだから、条約や国際慣習により、提携国や国際社会に何らかの義務を負うこともあるが、それが平等でなければ主権 (独立性) が侵犯され、極端な場合は主体性を欠いた被保護国、自治領あるいは植民地になってしまう。日本が連合国に占領された時代、あるいは沖縄が日本から切り離されて米国に統治された二七年間、日本は領土保全 (領土的一体性) を失い、主権国家としての条件を欠いていたことになる。

日本の陸地の一部、沿岸の一部、海域の一部、空域の一部を外国が排他的に利用して、日本の警察も消防も立ち入ることができず、日本人が漁業や水泳もできず、日本の船舶や航空機が通行できないとすれば、日本は明らかに領土保全権を失っていることになる。沖縄は日米両国の植民地と書いたが、これでは日本そのものが米国の軍事的植民地、沖縄はさらにその中の軍事植民地というわけだ。

主権国家同士の協定は、関係国が対等であることを示すために、それぞれの言葉が「主文」になる。たとえば英語が主で、フランス語が副ということはあり得ない。日米安全保障条約も日米地位協定も、主文は英語と日本語だ。

ところが、例えば一九九五年に合意された沖縄に関する特別行動委員会（ＳＡＣＯ）の最終報告も、二〇〇四年の「捜査協力の強化と平成七年合同委員会合意の円滑な運用の促進のための合同委員会合意」も、二〇〇五年の「日本国内における合衆国軍隊の使用する施設・区域外での合衆国軍用航空機事故に関するガイドライン」も、英語が主文で、「仮訳」の日本語がついた。英語が主文ということは、日本語に解釈上の問題が生じた場合、英語の文章に照らし合わせて両方の食い違いを検討するということだ。

不平等な地位協定を維持しつつ日本が沖縄化される——すなわち日米軍事同盟の強化により米軍基地が本土各地に広がれば、いずれは戦後沖縄を特徴づけてきた反米軍基地感情が日本本土に拡大し、日本でナショナリズムによる反米感情が高まるだろう。政府が米国との「共通の価値観」という幻想を与える一方で、太平洋戦争での敗北以来の対米従属外交を続ければ、意識下に存在するそうした対米ナショナリズムを刺激することは避けられない。「日本はアメリカのポチ」という自虐的な比喩と、それを否定しようという言論が、すでにそうした傾向を示している。近年の緊密な日米関係がそうした方向に進まないようにするためにも、「共通の価値観」幻想を捨て、米国に対する日本の主体性を取り戻す必要がある。

# 第Ⅱ部
# 米軍・米兵を見る沖縄の眼

■キャンプ・ハンセン前の金武町の新開地のバーで楽しむマリン兵たち

## 1　米兵に「ビールを一杯ずつおごってやった」
## 前沖縄担当首相補佐官

外務省で在米国大使館参事官、北米安全保障課長、北米第一課長を歴任したあと、岡本アソシエイツを立ち上げ、「国際コンサルタント」として、また外交評論家として活躍した岡本行夫。その岡本は一九九五年に沖縄で米兵三人による少女強姦事件が起こったあと、九六年一一月から九八年三月まで沖縄担当内閣総理大臣補佐官をつとめたが、その間、しばしば沖縄を訪れた。あるとき、沖縄の海兵隊演習場キャンプ・ハンセン近くの金武《きん》町の「特飲街」に足を運んだ（『外交フォーラム』［一九九六年六月］五六〜六七頁）。

### ✴五〇〇円のビールで閉店までねばる海兵隊員

岡本は、そこでまず「何かが奇妙」と感じた。「横須賀のドブ板通りとも、かつての横浜の伊勢佐木町の裏通り」とも違い、「巨大な空虚感」が漂い、「言葉が聞こえない。喧噪もない。若い兵隊たちは、人形のように生彩を欠いていた」という。店内には「屈強な海兵隊たち」がいたが、「その誰もがうつむいていた。背を丸めてじっと音楽を聞いている。ダンサーを見る者もいない」。

理由は、お金がないからだ。「カネが無いために閉店まで一杯しか頼めない彼らの五〇〇円のビールは、とっくに気が抜け、コップの底から泡も立ち昇らない」。

かわいそうな米兵たち。

そこで、岡本は、「彼らにビールを一杯ずつご馳走してやった。感謝のされようは面映ゆくなるほどだった」。米兵たちが一杯のビールに困っているなら、彼らを相手に営業している店はやりくりできないはずだが、岡本に店やそこで裸身をさらして踊るダンサーへの配慮はない。

外に出ると、相変わらず、大男たちが押し黙って通りを歩いている。岡本は、バーの前で花束を抱えて売っているおばさんたちに聞いた。

「こんな所で怖くないの?」

「いいえー。ちっともー。この人たちね。とっても礼儀正しいのよ」

という答えが返ってきた。

岡本は、花売りのおばさんたちの言葉を借りて、米兵たちが「怖い」どころか「とっても礼儀正しい」と表現する。「海兵隊も大部分は普通の若者だ。全員が無頼の輩《やから》であるがごとき言い方には真がない。お疑いなら、金武の花売りおばさんに聞いてみることだ」とも言う。

「全員が無頼の輩であるがごとき言い方」を誰がしているのか、岡本は明らかにしていない。また、「花売りのおばさん」に暴行を加える人間が日本にどのぐらいいるのかも、示していない。

岡本が「誰もがうつむいて」いる沖縄の米兵たちに同情するのは、彼らが「イザという時には日本のために命を捨てなければならないのに、日本人からは厄介者扱いされる。(しかも)給料は可哀想なくらい安い」からだ。ここで「日本人」と言うのは、もちろん基地反対を訴える沖縄住民のことである。

## ✴東京旅行招待計画

そこで岡本は考えた。「彼らのうちで勤務成績の優秀な者を日本側のカネで東京旅行に招待するプログラム」を作りたい、と。「五〇〇円のビールしか飲めない彼らにとって大きな励みになると考えたからだ」。ただし、このプロジェクトは、「残念ながら資金の手当てができず実現しなかった」という。*

＊二〇〇六年三月二八日に参議院外交防衛委員会で大田昌秀議員(社民党)が明らかにしたところによると、沖縄駐留の米海兵隊が日出生台《ひじゅう》演習場(大分県)で砲撃演習をした後、周辺の観光地やレジャー施設を利用した際の費用は日本が「思いやり予算」で支払った。防衛施設庁の担当者は

「地域社会の文化への理解を深め、『良き隣人』としての研修だ」と説明したというから、岡本の提案は実現したのだろう。

日本は、すでに日本に駐留する米軍の軍事施設の整備費、訓練移転費、光熱水道代、そこで働く日本人の給料などを支払っている。日本で「思いやり予算」と呼ばれる、いわゆる対米接受国支援（「ホスト・ネーション・サポート」または「バードン・シェアリング」）だ。二〇〇一年末現在、その額は四六億ドル強で、イギリスやドイツを含むＮＡＴＯ（北大西洋条約機構）加盟一七国の総額一六〇億ドルのおよそ三倍だ（二〇〇二年は、ＮＡＴＯの二五億ドルに対し、日本は四四億ドル。七〇頁参照）。米軍が使用している広大な土地の借地代も、日本政府が肩代わりしている。日本の公営住宅の三倍も広い米軍人とその家族用の住宅や基地内の学校や教会、スポーツ施設やショッピング・センターなどの建設費や光熱水費も日本側が支払っている。米軍駐留費のおよそ七五％を負担している日本は、「わが同盟諸国のなかで、抜きんでて寛大な接受国支援を提供している」と、米国政府からたびたび感謝されるだけのことはある。

しかし、「イザという時には日本のために命を捨てなければならないのに、（沖縄の）日本人からは厄介者扱いされる」米兵たちは、岡本にとって見るにしのびない。

岡本が言うように、日本のために命を惜しまず、しかも「とっても礼儀正しい」彼らが「（沖縄の）日本人からは厄介者扱い」されるのなら、沖縄に代わって首都・東京や他府県が彼らを受け入れてもよさそうなものだが、なぜか、日米同盟を支持する首長のいる地域でさえ米軍基地や米兵たちを歓迎しようとしない。

岡本の立場に立てば、（沖縄の）日本人たちは、本来なら沖縄を外敵から守ってくれた米国政府とそれを支えてくれた日本政府に、感謝すべきだということになる。住民に断りもなしに、当初は地主たちへの断りもなしに、六〇年にわたって軍事基地をおいた米国政府と日本に対して、礼を言うべきだということになる。他の多くの都道府県では経験しようにも経験できない、米兵による殺人や強姦や放火や窃盗はいうに及ばず、航空機事故、耳をつんざくばかりの爆音、相次ぐ山火事、ＰＣＢなどの毒性物質を米軍がもたらしてくれたことに、礼を言うべきなのだ。

そして日夜、日本の安全保障のために命をかけて働き、腰を丸めて一杯のビールを惜しそうに飲み、花売りのおばさんたちにやさしい笑顔を見せる米兵たちを、「厄介者」扱いなどせず、基地から遠い東京に住む心優しい岡本と同じように、ビールの一杯でもおごって彼らの労をねぎらうべき、ということになる。

## ＊米兵は誰のために沖縄にいるのか

さて、彼らに「ビールを一杯ずつご馳走」してやり、「面映ゆくなるほど」感謝された岡本は、沖縄本島の北部にある金武の飲屋街から、「高い料金」を払って、那覇にあると思われるホテルに戻る。しかし、チビリチビリとしかビールを飲めない米兵たちにあくまでやさしい岡本としては、金武からタクシーで那覇の高級ホテルに戻るなんてことをせず、二、三日でも金武で米兵たちを慰めてあげるべきではなかっただろうか。

野村浩也が繰り返し言う「そんなに沖縄が好きなら、基地の一つも持って帰って欲しい」という言い方（『無意識の植民地主義――日本人の米軍基地と沖縄人』）にならえば、「そんなに米兵が好きなら、あるいは可哀想に思うのなら、一人といわず、全員、引き取って欲しい」。総理官邸に影響力があったはずの岡本ならまったくできない相談ではないだろう。

優秀な米兵たちを「東京旅行に招待するプログラム」を思いつく岡本なら、他府県で米軍基地もろとも米兵たちを受け入れるプロジェクトを政府に提案してもよさそうだ。

ところで、米国防総省によると、在沖米海兵隊は兵士の規律をきわめて厳しくしているにもかかわらず、「沖縄は相変わらず人気の高い赴任先」だ。「定着率はきわめて高く、隊員は決まって赴任延長を要請する」というから、岡本が同情する必要はなさそうだ。

なお一言つけ加えると、米国にはもはやベトナム戦争のときのような徴兵制度はない。「義務兵役制度」は緊急事態のために残されており、若者はいつ召集されてもいいように登録が義務づけられているものの、基本的に米軍は全志願制である。米国市民権を得るために軍隊に志願する移民や、国内で就職できないために志願する貧困層の若者（多くは低学歴）が多いのは、そのためである。こうした兵士にとって、日米地位協定で身分を保障され、「思いやり予算」によって基地内で学校やレクリエーション施設まで充実している沖縄は、きわめて居心地のよい場所に違いない。

しかも、その兵士たちが忠誠を誓う対象は、日本でも日米安全保障条約でもない。米国国家やその最高司令官たる米国大統領、そしてその国旗である。彼らは、米国政府から与えられた米軍の任務を果たすために派遣され、彼らに給与を支払うのも米国政府である。その彼らが、沖縄の飲み屋でビール一杯分の代金をひねりだすのに苦労しているとすれば、それは米軍の給与体系のせいにほかならない。そんな彼らに岡本が同情するのは勝手だが、「勤務成績の優秀な者を日本側のカネで東京旅行に招待する」など、余計なお節介というしかないのである。

## 2 「良き隣人」の条件

在日米軍は基地周辺で「グッド・ネイバー・プログラム（良き隣人活動）」を展開している。「活動」と訳したが、住民との真の友好をめざすというより、何とか自分たちのマイナス・イメージを薄めて、地元の人々に受け入れてもらいたいという下心による政策的な「心理作戦」あるいは「懐柔作戦」と呼ぶべきだろう。言ってみれば、過去に何度も事故を起こして立ち退き運動の渦中にある市街地の化学薬品製造会社が、周辺住民に受け入れてもらおうと社員に菓子を配らせるようなものだ。

## ✴「グッド・ネイバー」――民間と軍との相違

英語で「グッド・ネイバー」とは、単に隣近所との良好な関係を意味するのではない。米国のインターネット・サイトには「グッド・ネイバー」という言葉が氾濫しているが、その意味は発信者によって異なる。

米国住宅・都市開発省の「グッド・ネイバー・イニシアチブ」は「隣の消防士、緊急医療技術者」や「隣の保安官」といった言葉によって、安全で安心できる街づくりを啓蒙する。その総合サービス局は「都市開発とグッド・ネイバー・プログラム」を通じて、不動産開発やビル管理業務において、同局がかかわるすべての地域と「グッド・ネイバー」になりたいという。小売業チェーン・ランドール社の場合は、その顧客と家族にとって重要な非営利組織（ＮＰＯ）への寄付事業を「グッド・ネイバー・プログラム」と呼ぶ。ネバダ大学の場合は、学生が「グッド・ネイバー・

プログラム」に参加している地域（郡）の居住者であれば、学費を割り引いてもらえる。

フォード財団が九六年にニューヨーク市マンハッタン地区で立ち上げた「グッド・ネイバー委員会」の活動は、ボランティア助け合い運動の色彩が濃い。フォード財団によれば、バサール・カレッジ、ロックフェラー財団、ダウンタウン・ニューヨーク同盟なども同様の委員会活動を行っている。フォード財団では、他の財団や企業、政府機関などにもこうした委員会活動を呼びかけており、「良き隣人プログラム」は全米的な広がりをもっていることをうかがわせる。

発信者がどのような組織であれ、これらの「良き隣人」政策には、人々に受け入れられたい、手を差し伸べたい、地域を良くしたい、地域の良き一員でありたい、「善意」のイメージを広げたい、といったメッセージが込められている。ジョージア州アトランタのピーチトリー・デカルブ空港のように、騒音を減らし、住民への迷惑を少なくしたいとして「良き隣人」政策をとっているところもある。

米軍も「良き隣人政策」を実施している。たとえば韓国南西部の郡山《クンサン》にある米第八航空団では、「米軍要員および米国防総省シビリアン（＝軍属）と、郡山空軍基地（の韓国関係者）、郡山市および周辺市町村の住民との間の良い関係を促進することによって韓国と米国の同盟を強化するため」、「良き隣人（グッド・ネイバー）プログラム」を導入している。英語指導、孤児院支援、老人ホーム支援、文化ツアーなどのほか、韓国警察との交流や韓国軍との共同訓練などが、主な内容だ。

こうした活動を通じて第八航空団に大きな貢献をした韓国市民や組織は表彰される。たとえば淑明女子大学の博士課程で学ぶ女性は、同大学の学生と在韓米軍特殊部隊の要員との交流を通じて米韓関係の促進に寄与したとして、受賞した。

この例に見るように、軍隊の「良き隣人政策」は他の「良き隣人政策」とはニュアンスが異なるようだ。軍隊は、国防という重要な使命を帯びているものの、戦争、事故、騒音、環境汚染、事件などの原因になりやすいため、軍需品メーカー、物資納入業者、一部の建設業者、地主、商店街・飲食店街、極端な自称愛国者などを除いて、「嫌われ者」になりやすい。しかも、勤務する軍人・軍属にとって、基地は短期間の滞在先に過ぎず、勤務地周辺への愛着をもつには至らない。アメリカ国内でもそうだが、外国となれば、さらにその傾向が強い。そのため、軍隊の「良き隣人政策」は、出撃、日夜の演習と騒音、事件、事故などの迷惑を何とか地元住民に我慢(理解)してもらうために、軍人・軍属と地元との友好関係を「演出」するという色彩が強い。企業や大学などの「良き隣人政策」とは、明らかに性質が異なる。

### ✴「米軍＝良き隣人」を宣伝する日本政府

在日米軍も、基地周辺で「良き隣人政策」に取り組んでいる。その宣伝には、米軍自身だけでなく日本の防衛庁や外務省も力を入れている。国民に米軍を受け入れてもらうための、米軍の代行業務なのだろうか。たとえば防衛庁の平成一二年度版『防衛白書』のコラム（ウェブサイト「在日米軍の『良き隣人となるための活動』」に転載）は、次のように述べる。

在日米軍は、アジア太平洋地域の平和と安定や日本の防衛に携わりつつ、地域住民の理解を得、様々な「良き隣人となるための活動」を続けています。

在日米軍人は、個人又は家族単位で部隊など周辺の児童養護施設や老人ホームを訪問し、プレゼントをしたり、施設を修理するなどの活動を四〇年以上にわたって続けています。海兵隊では、訓練の移転先となる演習場周辺でもこうした活動を行っています。

また、各地の米軍部隊は、毎年一回はフレンドシップ・デーなどのイベントを開催し、地域住民との交流を図っています。米海軍艦艇は、一般の港湾に入港した場合には艦艇の一般公開を行って地域住民と触れ合いの場を設けるようにしています。さらに、米軍施設・区域内の教育施設を利用した国内留学制度や音楽隊による日本各地での演奏活動などの文化交流活動も行っています。

防衛庁があげているのは、青森県にある三沢米軍基地の例だ。三沢では、米軍が市内や漁港などの清掃、田植え、稚魚放流などのほか、「米軍人の自発的な意思」によってさまざまなボランティア活動を行っているとして、防衛庁が米軍の地域貢献を賞賛している。
日本の中でもっとも米軍基地が集中している沖縄では、「良き隣人政策」はとりわけ盛んだ。

**✴沖縄に見る「良き隣人」活動**

沖縄本島中部にあるキャンプ・バトラー海兵隊*基地統合報道部が発行する機関誌『大きな輪』は、毎号、米軍人・軍属の「良き隣人ぶり」を紹介する写真が表紙を飾り、次のような見出しが踊る。

＊名前の由来であるスメドリー・D・バトラーについては、拙著『戦争はペテンだ――バトラー将軍にみる沖縄と日米地位協定』を参照。キャンプ・バトラー海兵隊基地とは、キャンプ・キンザー、海兵隊普天間航空隊基地、キャンプ・シュワブなど沖縄にあるすべての海兵隊施設とキャンプ富士を含む広大な基地群の総称であると同時に、これらの基地群の司令部を指す。司令部はかつて米国高等弁務官府があったキャンプ・バトラーのビルディング1に置かれ、在沖米海兵隊員の大半はキャンプ・コートニーを司令部とする第三海兵隊遠征軍に属する。

「沖縄と友好促進目指すキャンプ・バトラー司令官」
「コートニー夏期英語講座でうるま市高校生英語学習の意欲新たに」
「シュワーブの社会人英会話講座、地域住民の学習意欲を刺激」

「海兵隊の『トーイズ・フォー・トッツ』民間施設で初登場」
「感謝祭で集う第7通信大隊と光が丘」
「エイサーを通し触れ合うキャンプ・コートニーと地元」
「地域福祉社会と親睦深める米国婦人福祉協会」
「米海軍病院日本人研修医、救命技術を県民に指導」
「夢の広場完成で友好深める宜野湾区民と普天間基地」
「普天間基地の海兵隊員、踊って祝う文化と友好」
「アメリカ人と沖縄人、互いの料理と家族で交流」
「地元漁港周辺の清掃続けるハンセン海兵隊員ら」

同誌の他の記事にも、「友好」「親睦」「奉仕」「交流」「触れ合い」「貢献」「協力」といった言葉が満ちあふれている。ちなみに、右の見出しの四番目にある「トーイズ・フォー・トッツ」というのは、在沖米国海兵隊予備役が基地外で展開している、恵まれない子供たち（「トッツ」）におもちゃ（「トーイズ」）を贈る運動だという。*

＊米国には、一九四七年に創設された、「海兵隊予備役トーイズ・フォー・トッツ・プログラム」を支援するNPO（非営利）機関があり、さまざまな組織や個人にオモチャを寄贈してもらい、ク

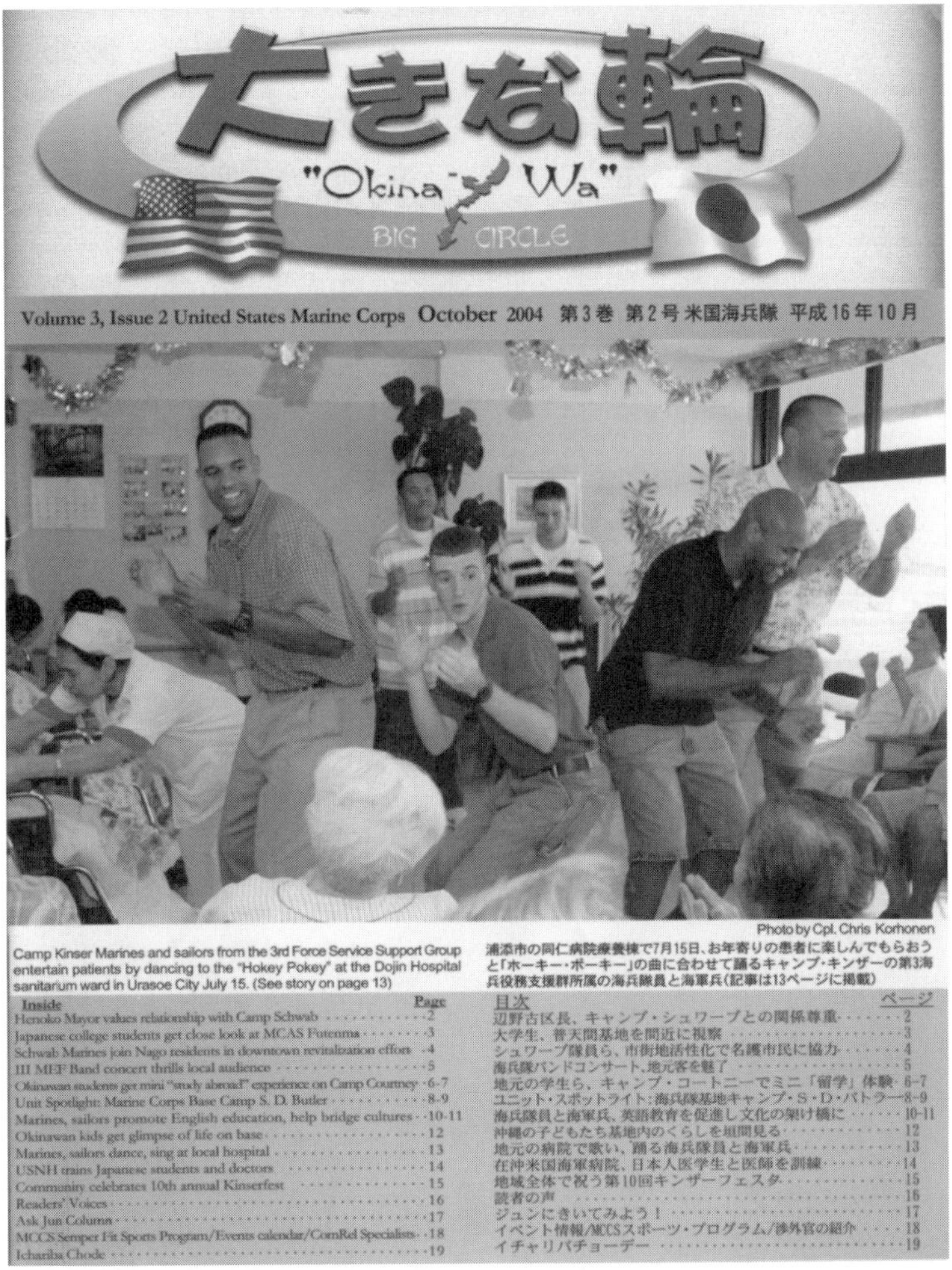

大きな輪

"Okina-Wa"

BIG CIRCLE

Volume 3, Issue 2 United States Marine Corps October 2004 第3巻 第2号 米国海兵隊 平成16年10月

Photo by Cpl. Chris Korhonen

Camp Kinser Marines and sailors from the 3rd Force Service Support Group entertain patients by dancing to the "Hokey Pokey" at the Dojin Hospital sanitarium ward in Urasoe City July 15. (See story on page 13)

浦添市の同仁病院療養棟で7月15日、お年寄りの患者に楽しんでもらおうと「ホーキー・ポーキー」の曲に合わせて踊るキャンプ・キンザーの第3海兵役務支援群所属の海兵隊員と海軍兵（記事は13ページに掲載）

| Inside | Page |
|---|---|
| Henoko Mayor values relationship with Camp Schwab | 2 |
| Japanese college students get close look at MCAS Futenma | 3 |
| Schwab Marines join Nago residents in downtown revitalization effort | 4 |
| III MEF Band concert thrills local audience | 5 |
| Okinawan students get mini "study abroad" experience on Camp Courtney | 6-7 |
| Unit Spotlight: Marine Corps Base Camp S. D. Butler | 8-9 |
| Marines, sailors promote English education, help bridge cultures | 10-11 |
| Okinawan kids get glimpse of life on base | 12 |
| Marines, sailors dance, sing at local hospital | 13 |
| USNH trains Japanese students and doctors | 14 |
| Community celebrates 10th annual Kinserfest | 15 |
| Readers' Voices | 16 |
| Ask Jun Column | 17 |
| MCCS Semper Fit Sports Program/Events calendar/ComRel Specialists | 18 |
| Ichariba Chode | 19 |

| 目次 | ページ |
|---|---|
| 辺野古区長、キャンプ・シュワーブとの関係尊重 | 2 |
| 大学生、普天間基地を間近に視察 | 3 |
| シュワーブ隊員ら、市街地活性化で名護市民に協力 | 4 |
| 海兵隊バンドコンサート、地元客を魅了 | 5 |
| 地元の学生ら、キャンプ・コートニーでミニ「留学」体験 | 6-7 |
| ユニット・スポットライト：海兵隊基地キャンプ・S・D・バトラー | 8-9 |
| 海兵隊員と海軍兵、英語教育を促進し文化の架け橋に | 10-11 |
| 沖縄の子どもたち基地内のくらしを垣間見る | 12 |
| 地元の病院で歌い、踊る海兵隊員と海軍兵 | 13 |
| 在沖米国海軍病院、日本人医学生と医師を訓練 | 14 |
| 地域全体で祝う第10回キンザーフェスタ | 15 |
| 読者の声 | 16 |
| ジュンにきいてみよう！ | 17 |
| イベント情報/MCCSスポーツ・プログラム/渉外官の紹介 | 18 |
| イチャリバチョーデー | 19 |

在沖海兵隊報道部が発行する広報誌『大きな輪』2004年10月号の表紙．誌名の「おおきなわ」は「おきなわ」にかけたもの（英語では BIG CIRCLE）．この号の表紙写真に付けられた説明には、「浦添市の同仁病院療養棟で７月15日、お年寄りの患者に楽しんでもらおうと手遊び歌「ホーキー・ポーキー」の曲に合わせて踊るキャンプ・キンザーの第３海兵役務支援群所属の海兵隊員と海軍兵」とある．この号は、海兵隊の輸送ヘリコプターが沖縄国際大学の構内に墜落した直後の号であったが、この事故にはふれていない。

リスマス・シーズンに海兵隊を通じて基地周辺の貧しい子どもたちにプレゼントしている。

次の五番目の見出しにある「光が丘」は、金武《きん》町にある老人ホームで、海兵隊員とその家族が例年どおり「光が丘」を訪れ、感謝祭（サンクスギビング）を七面鳥料理で祝った、というのが記事の内容である。在沖米軍は、「ネイティブ・アシスタント派遣事業」により、ボランティア英語教師を各地の小学校に派遣している、との記事もある。なお、見出しにある「シュワーブ」は沖縄本島北部の太平洋沿岸にある海兵隊基地（キャンプ・シュワブ）、「コートニー」はその南の金武湾に面して広がる米軍住宅地区（銀行、郵便局、映画館、教会、医療施設、体育館などがある）を指す。

こうした記事によれば、沖縄に駐留する米国海兵隊員は、イラクなどで恐れられる殺し屋などではなく、沖縄の子供や社会人に英語を教え、老人たちをなぐさめ、医療活動を行い、おもちゃを贈り、沖縄の人々と一緒に踊り、ビーチを清掃する「良き隣人たち」なのだ。「一度に〇・五リットルの献血で命を救う」といった「人道支援」の記事もある。

米国が沖縄を「琉球」と呼んで占領していたころ、琉米文化会館や琉米親善センターで催された諸行事（映画鑑賞会、英語学習会、友好親善パーティ、婦人交流会など）、「琉米親善」という名で行われていたペリー提督来航記念祭、図書やスポーツ用具などの寄贈、高校バスケットボール親善大会、水道敷設、道路建設、ヘリコプターによる急患輸送などを思い出す人もいるだろう。

ところが、軍事優先の統治、強制的な土地接収、多発する基地関連事故、米兵の凶悪犯罪、沖縄基地からベトナム戦争への米軍出撃などは、こうした「親善」の虚妄性を浮き彫りにした。住民は、米軍のさまざまな妨害や圧力にもかかわらず日本への復帰と米軍の撤去を求め続けた。米軍は、「招かれざる客」でしかなかったのである。

しかし、住民の「反発」や「敵意」に囲まれれば、基地は十分その機能を果たすことはできない。そこで米軍が考えたのが「良き隣人プログラム」、そしてそれを広く報道する手段として発行したのが『大きな輪』だ。一部の図書館や病院におかれているだけでなく、インターネットで読める電子版もある。

**✴海兵隊に関する「良いニュース」を伝える**

『大きな輪』創刊号（二〇〇二年七月）に寄せた第三海兵遠征軍司令官ウォーレス・C・グレグソン中将の次の文章（「我々の友人たちへの挨拶」）が、この機関誌の発刊の意図をよく伝えている。

『大きな輪』は、在沖海兵隊について多少なりとも皆様と分かち合い、引き続き米軍と地元社会の理解や友情を深める目的で発行されます。この機関誌を通し、地域社会にかかわる海兵隊の活動や方針、または全般的な事柄などをお知らせしたいと思っております。また、在沖海兵隊に関しての話題を紹介し、皆様のお力をお借りして、他の地域の方々にも我々に関する良いニュースをお伝えできればと思っております。さらに、在沖海兵隊に関する神話や噂などを消散し、誤解があればこれを解きたいと思っております。（読みやすいように、句読点などを若干変えた。）

「地元社会の理解や友情を深め」、米海兵隊に関する良いニュース（good news）を伝えることにより、神話（myths）や噂（rumors）を払拭（dispel）し、誤解（misconceptions）を解く、というのがこの広報誌の目的だというのである。

「沖縄は我々に多大に貢献して下さっていますので、何かの形でお返しをしたいと思っています。地域社会の一員として、我々が日常体験している友情、協力や親交などの例を紹介したいと思っております」とも述べている。

『大きな輪』が、嘉手納空港近辺の騒音問題、強姦事件、日米地位協定に関する沖縄側の不満、普天間基地の撤去要求、日本政府の「思いやり予算」などについて報道することは、まずない。これらの「悪いニュース」は、地元メディアが（おそらく神話や噂や誤解に基づいて）報道しているから、こちらは海兵隊の「良いニュース」だけを伝えて、こうした「神話」や「噂」や「誤解」を払拭し、地元住民の理解や友情を得よう、という意図が見える。* それにしても、基地撤去要求が絶えない沖縄で、自らを「地域社会の一員」と位置づけるのは、軍・民共生に反対する大半の沖縄住民の意に反することだろう。

＊沖縄国際大学に海兵隊の輸送ヘリが墜落したときは、周辺住民を震撼させただけでなく、米軍の「横暴ぶり」が人々の怒りを買ったが、『大きな輪』の次の号の表紙は米兵たちが老人ホームで子供向けの歌と踊りを披露した写真を掲載し、事故にもいっさい触れなかった。（一三七頁写真）

グレグソン中将は、「読者の意見を反映できるコラムを設け、在沖米軍に関する皆様の質問にお答えしたい」とか、「寄稿者を歓迎」する、と述べるが、この広報誌に米軍や米軍人・軍属に対する批判が掲載されることは、ほとんどない。＊『大きな輪』は、通常の雑誌ではなく、米海兵隊の機関誌、すなわち宣伝誌に過ぎないからだ。

＊例外がないわけではない。例えば二〇〇五年一〇月発行の『大きな輪』は、「彼ら（在沖米国人）は良き大使だと思います。でも、広大な軍事基地に人々が反感を抱くのも理解できます」という米国人学生や「騒音や犯罪など、いろいろな問題があり、これらを緩和しようと様々な取り組みをしているという印象を受けた」という日本人学生の言葉を紹介している。

### ✴沖縄の願いと異なる米軍の「献身」

グレグソン中将は、「我々は、日本の防衛と同じように、沖縄の福祉や繁栄にも専心しております」ともいう。「専心」は“dedicated”を訳したものだが、“dedicated”とは、ここでは「一生懸命」「献身」というほどの意味である。

しかし、沖縄の福祉や繁栄は、日本政府や沖縄県あるいは地元の責任であり、米軍に依存すべき性質のものではない。また、世界有数の経済大国で米国に莫大な「思いやり予算」を提供している日本が、米軍にそのような「献身」を依頼するとは考えられない。

米軍や米軍要員の第一の任務は、明らかに、そうした活動ではない。しかも、日常的な「居住地」も、ゲートと金網の向こうだ。こうした米国軍人が「良き隣人」として基地周辺の住民や児童に対して行うボランティア活動は、彼らの本来任務とは大きくかけ離れている。そこには、明らかに政治的意図がある。

もし「良き隣人」として「沖縄の福祉や繁栄にも専心」しているというのなら、昼夜の別なく続く軍用機騒音問題、実弾射撃による山野火災、その他の事件・事故への対応にもっと配慮する、あるいは多くの住民の希望にしたがって普天間基地の撤去（県内移設ではなく）やその他の基地の整理・縮小、沖縄からの出撃取り止めに応じるべきだろう。「できるだけ迷惑をかけない」というのが、「良き隣人」たる第一の要件である。

ちなみに、普天間飛行場や嘉手納飛行場のように住宅街に囲まれている米国ジョージア州アトランタのピーチトリー・デカルブ空港では、できるだけ住宅地域から遠い滑走路を利用し、静かに離着陸する飛行技術を用い、連邦法により強制はできないもののパイロットに夜一一時から朝六時までの飛行の自主的取り止めを呼びかけ、騒音監視装置によってもっとも騒音の大きな飛行機や飛行方法をチェックし、二四時間体制で住民からの苦情を受け付けているという。インターネット・サイトにも、迷惑飛行の時間や地域、飛行機の種類などを受けつける電話番号が記されている（低空飛行をする航空機があれば連邦航空局に通報するよう助言している）。さらに、希望する住民には、空港が騒音の少ない地域への移住およびそこでの騒音防止策も支援している。

「良き隣人」政策を実施しているのは、海兵隊だけではない。「極東最大」と形容されることの多い嘉手納空軍基地は、隣接する地域の住民からは騒音地獄をもたらしていると非難される。しかし、そのウェブサイト（"Team Kadena"）は、日夜の騒音問題には触れず、同基地の第一八航空団と関連部隊で構成する「カデナチーム」のＦ15戦闘機、ＫＣ135空中給油機、Ｅ３早期警戒管制機、ＭＣ130輸送機などの航空機集団が太平洋地域の「平和と安定を確保する……強い抑止力を維持している」ことを強調する。そして、二〇〇四年のスマトラ沖地震・津波での救援活動をあげて、「人道支援（"American goodwill"）における強力な部隊としての活動」を自賛する。また、カデナチームには「およそ一万八千人のアメリカ人と四千人以上の日本人基地従業員および契約業者従業員」がおり、沖縄経済への基地の貢献は年間七億ドルにのぼるという。

嘉手納空軍基地のウェブサイトは、沖縄の文化や習慣についても紹介している。たとえば「おじぎ」、名前を呼ぶときの「さん」付け、贈り物などの作法、お年寄りへの敬意、家に上がるときに靴を脱ぐ習慣、「御嶽《うたき》（聖域）」でのふるまい方など、である。挨拶用語など簡単な日本語表現も紹介されている。

ただし、「良き隣人」プログラムが米軍基地歓迎につながるかどうかは、微妙だ。たとえばうるま市の知念恒男市長は、米軍と「親しい関係」をもつ必要性を認めながらも、「軍用地返還に向けた跡地利用計画の早期策定」や「基地関係の事件・事故を未然に防止するための連携」にも触れている。沖縄住民が、「イチャリバ・チョーデー」精神（「行き逢えば兄弟」）。見知らぬ人であっても、仲良く温かく情をもって接する、という沖縄古来の付き合い方）で個々のアメリカ人の好意や友情を受け入れるとしても、米軍基地が墜落事故、騒音、さまざまな事件の発生源である限り、また米軍が沖縄から戦闘に出撃する限り、基地や軍人・軍属を心から歓迎し、基地と共生したいと願うことにはならないだろう。それどころか、かつての「琉米親善」がたどったように、また一九九五年の少女暴行事件のあとのように、基地運動撤去を要求する声が再び高まる可能性は十分ある。

それにしても、六〇年間も米軍基地の迷惑に耐えてきた人々に、米軍が勝手に「良き隣人」を名乗り、あたかも軍人・軍属たちが「善意の使者」ででもあるかのように見せるのは、住民に対してあまりに失礼ではないだろうか。

かつて沖縄に住んでいたオーティス・ベル牧師は、一九五四年、米軍の「機関銃と銃剣」による土地接収に異を唱え、米国は日本に対する沖縄戦には勝ったが、住民の尊敬を失いつつある、それは占領が「いまだに軍事的な性格をもっているから」だと述べた。沖縄に今もはっきりとその痕跡が残っている限り、「良き隣人」政策は住民の心を買収しようという欺瞞《ぎまん》策でしかない。

## ✴海兵隊は平和部隊ではない

米国がそれほど「良き隣人」として奉仕したいのなら、米国は戦闘部隊ではなく平和部隊を派遣したらどうか。

平和部隊は、一九六〇年にジョン・F・ケネディ大統領がミシガン大学での講演で、開発途上国に住み、そこで働いて平和のために米国に貢献するよう学生たちに呼びかけたことで始まった。それ以来、一八万人をこえる平和部隊ボランティアが一三八の国々から招かれ、エイズ教育、コンピュータなどの情報化技術、起業、環境保護などに取り組んできた。「数多くの個人、その子どもたち、そのコミュニティの生活改善のため」に平和部隊が行っている支援活動は、米軍が掲げ、日本政府が宣伝しながら、「米軍を受け入れてもらう」という裏の目的をもつ「良き隣人プログラム」より、はるかによさそうだ。

平和部隊（ピース・コア）は海兵隊（マリン・コア）と隊（コア）だけは名称が同じだが、隊員の構成や目的意識は大きく異なる。何よりも平和部隊の隊員は軍人と異なり真の意味でのボランティアで、年齢も平均二八歳と比較的に高く、高卒が多い軍隊とは対照的に九六%が大学の学士号をもち、一三%が大学院で学んでいる。

活動の分野は、教育、医療、環境、ビジネス、農業、青少年育成、コミュニティ開発などだ。戦争のための訓練を受けながら、片手間にボランティア活動を行う軍人・軍属とは異なる。やってくるのが、そうした平和部隊のボランティアやフォード財団などの「良き隣人」であったら、沖縄も喜んで受け入れるだろう。

## ✶「良き隣人計画」の欺瞞性

もし米軍がほんとうに沖縄住民と「良き隣人」になりたいと願っているなら、まず沖縄では自分たちは一時的な外来者であることを認識する、そして住民が望まないことをやらない、住民が望むことをやるという、真の隣人精神に立ち戻るべきだろう。

「一時的な外来者」。かつて米軍は、沖縄はアメリカ人の血で勝ち取ったものだから勝手にできると考え、銃剣をつきつけて土地を接収し、住民の権利を蹂躙するなど、圧倒的な力をもつ占領者として振る舞っていた。しかし、沖縄は独自の歴史と文化、伝統、アイデンティティをもつ沖縄住民の島である。首里城はじめ世界遺産に登録されたグスクや御願所《うがんじゅ》、独特の年中行事や言葉、音楽、語り継がれる戦争体験などが、それを物語る。復帰後はれっきとした日本の一県である。

米軍や軍人は日米安全保障条約と、それによって定められた日米地位協定のもとで駐留を認められているに過ぎない。しかも、大半の沖縄住民は沖縄が軍事基地になっていることに同意していない。

そのことを忘れて、米軍や米軍人がかつてのように「占領者」のごとく振る舞い、チョコレートを配れば住民に歓迎されると考えているのなら、「良き隣人」にはなり得ない。米軍・軍人は、沖縄に対するこれまでの扱いが間違っていたことを認め、今後は「客人」として沖縄住民の歴史や伝統、習俗、権利を尊重すべきであろう。現地住民の歴史や伝統や権利を尊重しない客人は、「隣人」の名に値しないどころか、本来なら追放されても仕方がない存在である。米軍が沖縄に駐留しなければならないとすれば、沖縄住民が米軍と共存するのではなく、米軍こそが沖縄住民と共存する道をさぐるべきである。

住民が望まないこと――それはまず昼夜を問わない爆音、実弾演習、出撃、墜落、環境汚染などによって住民に迷惑をかけないこと、治安を乱さないこと、住民の権利を侵さないことである。いずれもよき隣人であるために守るべき基本中の基本である。米軍とその要員は、日米地位協定で保護されている特権も放棄して、住民と対等な立場で接するべきだろう。日米地位協定、厳重なゲート、そして金網の彼方に住民から自分たちを隔離していては、握手さえできない。

住民が望むことをやる――そのためには、「基地受け入れ」という交換条件やイメージ向上という作戦を捨てて、それこそコミュニティの一員として、さまざまな分野における助け合い、人材育成、文化振興・交流、医療、コミュニティ開発、起業支援、企業誘致、環境保護、災害救援などに力を入れる必要がある。基地内で事故、事件、汚染などが発生した場合は、当然、周辺市町村の立ち入り調査を認め、それに全面的に協力する。住民と同じく、払うべき税金や電気・水道料を払い、守るべき法律やマナーを守る。できれば、かたことでも日本語（あるいは沖縄語）が話せたら、好感をもたれるだろう。

このような順法精神と善意に富む「良き隣人活動」なら、多くの住民が歓迎するだろう。沖縄の自立、国際性醸成、平和貢献にも役立つはずだ。

米軍と沖縄住民の間に軍用地、軍用機、ミサイル、空母、爆弾、秘密兵器の貯蔵、実戦演習、出撃……といった「戦争」とつながるものが介在しなくなれば隣人関係は進む——というのはもちろん理想論だが、片手で相手を殴っておいて（土地囲い込み、墜落、騒音、犯罪、環境汚染、市町村の立ち入り禁止など）、もう一方の手で握手を求める（海岸の清掃、老人ホーム訪問、子供たちへのクリスマス・プレゼント、イベントへの相互訪問など）という、米軍がおし進め、日本政府が賞賛する現在の「良き隣人計画」は、米軍基地がもつさまざまな問題を隠し、米軍駐留を「美化」しようとする幼稚な茶番劇に過ぎない。

## 3　基地との共存を説く高級官僚たち

「海兵隊員をはじめ、沖縄に駐留している米軍人・軍属は、率直で、フレンドリーであることは、ボランティア活動や英語教育助手プログラムにより、彼らに接したことのある皆様には十分お分かりいただけると思います」

この発言者が誰だか、おわかりだろうか。在沖米海兵隊の司令官ではない。西正典・那覇防衛施設局長だ。「皆様」とは沖縄住民をさしている。

### ✴米軍に代わって謝罪・補償する日本政府

海兵隊員たちは、毎日のように戦闘訓練を行い、イラクをはじめ世界各地で戦争に加わり、精神的にも「武装」していると思われがちだし、また彼らの一部が窃盗や放火や強姦を犯すことも知られている。しかし、西によると、沖縄に駐留する米兵たちは「率直で、フレンドリー」で、ボランティア精神にあふれた存在なのだ。

西の発言は、在日米国海兵隊（司令部＝キャンプ・バトラー）が発行する『大きな輪』の二〇〇五年一月号に掲載された文章の一部である。「新年おめでとうございます」で始まる文章は、前年八月に起こった沖縄国際大学へのヘリコプター墜落事故と同年一〇月に沖縄本島南海上で起こった米軍戦闘機の空中接触事故に言及して、「県民の皆様に心痛を与えたこと」に「遺憾の意」を表したあと、次のように述べる。

県民の皆様にご理解頂きたいのは、米軍にとっても、事故はあってはならないものであり、仲間の命を危険にさらす事故をなくすため、真摯な努力を真剣に重ねていることです。

事故が発生した場合、それについて謝罪し、あるいは再発防止を約束するのは、通常、事故を起こした当事者のはずである。この場合は当然、米軍ということになる。ところが、防衛施設庁の西は、こともあろうに、米海兵隊が発行する広報誌で、米軍に代わって沖縄住民に謝罪し、再発防止への努力を云々《うんぬん》している。

局長の西だけではない。那覇防衛施設局も、その広報誌『はいさい』で、「（ヘリコプター事故の）被害に遭われた沖縄国際大学及び宜野湾《ぎのわん》市民、沖縄県民の皆様方には多大な不安とご迷惑をおかけしました」と詫びている（二〇〇四年一〇月一日）。海兵隊ヘリコプター墜落事故にともなう被害調査を行ったのも、沖縄国際大学の復旧工事や民間家屋への損害補償、地域住民の精神的ケアなどを担当したのも、米国政府ではなく、日本政府だ。日米関係の中で沖縄のおかれた状況が、透けて見える。

## ✴基地と共生・共存して欲しい

西の発言をもう一度引用する。――「海兵隊員をはじめ、沖縄に駐留している米軍人・軍属は、率直で、フレンドリーであることは、ボランティア活動や英語教育助手プログラムにより、彼らに接したことのある皆様には十分お分かりいただけると思います」。

西の言い分は、一九九五年九月、沖縄訪問中の宝珠山《ほうしゆやま》昇・防衛施設庁長官が、沖縄を「戦略的な要衝」と位置づけて「沖縄は基地と共生・共存する方向に変化して欲しい」と発言し、地元県議会や住民から激しい反発を受けた（翌月、玉沢徳一郎防衛庁長官が衆議院で宝珠山の発言の撤回と陳謝を表明した。宝珠山は批判を受けてまもなく辞職*した）ことを想起させる。しかし、あれから一〇年以上たったいま、米軍基地を担当する防衛施設局長が、沖縄に米軍との「共生・共存」を求めても、もはや何の論議も呼ばなくなった。米軍との共存を求める人たちも、主権者として議論すべき大半の国民も、沖縄の圏外に住んでいるからだ。

＊宝珠山は辞任後に「沖縄海兵隊、本土移転のススメ」という一文を書いている（『This is 読売』九六年一一月号）。

米軍に代わって沖縄住民の怒りをやわらげようとする一方で、あくまで米兵には優しい日本政府官僚は、西ひとりに限らない。

外務省が一九九七年から派遣している「外務省沖縄事務所沖縄担当大使」も、ほぼ同様だ。たとえば三代目の「沖縄担当大使」橋本宏は、海兵隊広報誌『大きな輪』の創刊号（二〇〇二年七月）にわざわざ祝辞を寄せ、こう書いた。

日米安保体制はアジア太平洋地域の平和と安定に貢献しており、その円滑かつ効果的な運用の為、在沖海兵隊が日夜訓練に励んでいることを私はよく承知しております。この目的達成の為には同時に在沖海兵隊の関係者と地元住民との間に良好な関係が築かれることが極めて必要です。（中略）在沖海兵隊（は）……事件・事故を最小限にするとともに、地元との様々な交流活動等を通じて「良き隣人」政策を推進するために大きな努力を払っています。（中略）海兵隊を含む在沖米軍が「良き隣人」政策の一環として行っている英語教育ボランティア活動は、日米安保体制の円滑かつ効果的な運用のためだけでなく、沖縄の自立的発展に貢献する重要なプログラムです。（後略）

結局のところ、日米安保体制のために沖縄が犠牲になってくれ、沖縄が米国の軍事植民地になるのは大いに結構、ということなのだが、そうはストレートに言わない。米兵はフレンドリーで沖縄の自立的発展のためになるから米軍を受け入れてくれ、と言い換えるのである。この橋本の言い方は、二〇〇四年一二月に五代目の「沖縄担当大使」として赴任した宮本雄二にも共通する。宮本が上記の海兵隊広報誌（二〇〇五年四月号）に書いている文章から引用しよう。

海兵隊の皆様は、世界の平和と安定、そして災害救済に見られるような人道支援のために、日夜第一線に立って、生命を賭して奮闘努力しておられることに対し、心より敬意を表します。（中略）沖縄には、在日米軍の施設・区域の七五％が集中しています。信頼性の高い日米安全保障体制を構築するためには、政府間の約束事を強化するだけではなく、実際の運用を円滑かつ安定的なものにする必要があります。そして日米両国とも「成熟民主主義」です。実際の運用にあたり、国民の声に十分耳を傾け、国民の理解と支持をうる必要があります。

（中略）

海兵隊の皆様が、これまでボランティアとして英語教育に携わったり、スポーツ交流に励んだり、街の美化につとめ、社会の弱者を支援し、いろいろ「よき隣人」として努力されていることを高く評価しています。また事件・事故を減らすために努力をされていることも良く知っています。

宮本の前任、第四代目大使の沼田貞昭も、二〇〇三年の七月発行の『大きな輪』に「創刊一周年」の祝辞を寄せ、米海兵隊のこの宣伝広報誌を「在沖海兵隊と沖縄の地元の方々の相互理解を深め、友情の輪を広げる上で、重要な役割を果たし」てきたと評価しつつ、自らの役割を「沖縄と米側の意思疎通を図る」ことと規定している。一九九五年に基地との「共生・共存」を説いた宝珠山発言と、変わるところはない。ここで「意思疎通」を図るとは、沖縄に米軍の存在を認めさせるよう努力する、ということにほかならないからだ。

**✷だれのための「沖縄大使」か**

沼田は、加えて、「沖縄の方々と米軍関係者の間に相互理解と信頼と互恵の関係を育むために」、米軍の「良き隣人」政策の成功に期待を寄せる。沼田は、「『大きな輪』は、在沖米海兵隊の様々な活動、特に英語教育、スポーツ、環境保全、社会福祉、災害救助等のプログラムにおける地元との交流」を報じているとして、そのことを「心強く感じて」いると述べ、海兵隊のこうした活動をその広報誌で賞賛する。

二〇〇四年一二月、外務省沖縄事務所での離任の会見に臨み、一年一〇カ月の在任期間を振り返った沼田は、八月のヘリ墜落事故をはじめ、相次ぐ米軍がらみの事件、事故への対応を踏まえ、「県民へのお願い」をこう語った。

「米軍に常に抗議するのではなく、双方通行の対話をしていただきたいという気持ちを持っている」「在日米軍人は日米安保条約のもと、日本とかアジアの平和と安全を守る使命をもっており、必要が生じれば自らの生命を危険にさらすことを覚悟している。彼らの立場に思いをいたしてほしい」。

日本政府の代表たる人物が、事故が起きても「抗議するな」、「米軍の役割を理解して欲しい」というのである。沖縄の苦悩をよそに米兵にビールをおごって彼らへの理解と同情を呼びかけた岡本行夫と重なる姿勢である。「対話」で解決するぐらいなら、沖縄の基地問題はとっくに解決しているはずだ。そもそも、米軍と沖縄は対等ではない。米軍を受け入れているのは日本政府で、その日本政府が動かなければ、基地の状況は変わらない。沖縄と米軍の間で「対話」が成立するわけはない。

さすがに、地元紙は「沖縄大使は再考の時にきている」(『沖縄タイムス』)、「誰のため、何のために沖縄に配置されているのか」(『琉球新報』)と社説で大使のあり方に強い疑問を呈した。

沖縄の立場から言えば、日本政府の高級官僚たちは米軍と沖縄住民のどちらの側に立っているのか、ということだ。中央政府からやってくる高級官僚がこういう発言を繰り返している限り、沖縄住民が心を許すことは永遠にないだろう。

なお、もうひと言つけくわえれば、これら高級官僚たちの言葉は、かつて日本の軍国主義時代に子どもたちが歌わされた「兵隊さんよありがたう」という歌とどこか似ている。その歌詞は——「肩を並べて兄さんと　今日も学校へ行けるのは　兵隊さんのおかげです　お国のために　お国のために戦った　兵隊さんのおかげです」「夕べ楽しい御飯どき　家内（族）そろって語るのも　兵隊さんのおかげです　お国のために　お国のために傷ついた　兵隊さんのおかげです」「明日から支那の友達と　仲良く暮らしてゆけるのも　兵隊さんのおかげです　お国のために　お国のために尽くされた　兵隊さんのおかげです　兵隊さんよありがたう　兵隊さんよありがたう」というものだ。

いまや官僚たちは、米海兵隊員たちに対して、「沖縄の子どもたちに英語を教えてくれてありがとう」「街がきれいなのも、私たちが平和に暮らせるのも、海兵隊のみなさんのおかげです」と感謝の言葉をささげているのである。

## 4　沖縄の米軍人・軍属の犯罪率は、沖縄住民の犯罪率より低いか

二〇〇三年一一月にラムズフェルド米国防長官が沖縄を訪問した際、稲嶺知事から米軍人・軍属の犯罪が多いと指摘されたことに対し、米国務省役人は「在沖米軍人・軍属の犯罪率は、沖縄住民の犯罪率より低い」と反論した。これまでも、米側は、何度も同じ主張を繰り返してきている。

米側だけではない。橋本宏「沖縄大使」も、二〇〇三年一月の離任会見で、「在沖米軍関係者一人当たりの犯罪発生率は、沖縄県民（の犯罪発生率）よりも低い」と発言して、反発を招いた。米軍人・軍属の犯罪を容認するかのように受け取られたからである。

先進国の中では銃犯罪を中心に犯罪率の高い米国の、しかも若い独身男性が多い在沖米軍の犯罪率が、沖縄住民の犯罪率より低い！　それが事実なら、驚くべきことだ。

## ✴復帰前よりはたしかに減ったが

たしかに、沖縄が日本に復帰した一九七二年以前と比べると、それ以降は米軍人・軍属の犯罪は大幅に減った。それまでの沖縄では、米国が実質的に行政・立法・司法権を握り、往々にしてこれらを米側に有利なように恣意的に行使したし、そもそも沖縄側には米軍人・軍属に対する捜査権も裁判権もなかった。米軍優位の治安制度（罪を犯した米国軍人・軍属は統一軍法〔統一軍事司法法典〕に基づき、軍法会議〔Court Martial〕で裁かれる。軍法会議では軍隊内の身内意識が働いて、加害者に有利な判決が降りることが多い。占領下の沖縄では、特にそのような傾向が強かった）に加えて、米軍人・軍属のアジア人蔑視（一部の軍人・軍属は、東洋人を「ベトベトして汚らしいもの」という意味の「グック」と呼んだ）や占領者意識が彼らの犯罪を助長した側面もある。

復帰以降の沖縄県の統計*を見ても、米軍構成員による事件は、最初のころこそベトナム戦争の影響もあって、七二年二一九件（そのうち、凶悪犯二四、粗暴犯七七、窃盗犯五一）、七三年三一〇件（凶悪犯九三、粗暴犯七七、窃盗犯一二二）、七四年三一八件（凶悪犯五一、粗暴犯八二、窃盗犯一五一）、七五年二二三件、七六年二六二件、七七年三四二件と多かったものの、一九八四年以降は二〇〇件以下に、一九九五年以降は一〇〇件以下に減っている（ただし二〇〇三年は一一二件）。近年は、凶悪犯は年間一～七件、粗暴犯は六～一二件、窃盗犯でさえ一七～四八件で推移している。

沖縄における全刑法犯に占める米軍構成員の事件の割合も、一九七三年の六・九％、七四年の六・五％から、近年は一％以下に下がることも多くなった。しかし、米軍の事故や沖縄住民に対する米軍人・軍属の事件がなくなったわけではない。

＊沖縄県のまとめによると、米軍人・軍属による刑法犯罪は、沖縄が日本に復帰した一九七二年五月から二〇〇三年一二月末までにおよそ五三〇〇件に達し、そのうち五四〇件は殺人、強姦、強盗、放火などの凶悪事件、九七七件は暴行、傷害、傷害致死などの粗暴犯であった。また二〇〇二年の一年間で発生した米軍基地関係事件・事故は一〇三件。そのうち六〇件は航空機関連、二件は流弾など、八件は廃油などの流出、一二件は原野火災、一三件は演習事故である。二〇〇三年には事件・事故は計八九件に減ったものの、航空機関連事故が五八件、原油等の流出が三件、原野火災が一一件発生している（沖縄県『沖縄の米軍基地のすがた（〇四年三月版）』）。復帰前の悲惨な事件・事故はもちろんもっと多かった。

数字が示すように、米軍や軍人・軍属による事件・事故が消えたわけではない。件数が減ったとはいえ、これで「在沖米軍人・軍属の犯罪率は、沖縄住民の犯罪率より低い」という日米両政府の代表の主張を信じることはできない。

## ✴沖縄人の対米軍（人）犯罪

ここで、この主張が正しいかどうかを検討する前に、逆のケース、すなわち沖縄人が加害者で、米軍人・軍属が被害者のケースはどのぐらいあるのか、見ておきたい。それを確認しないで、沖縄人に対する米軍人・軍属の犯罪の多さや凶悪さだけを論じるのは、フェアではないからだ。

確かに、住民が衣食住の欠乏に苦しんでいた終戦直後は、米軍部隊から缶詰、タバコ、戦闘服や靴、ガソリンなどを「戦果」と称して盗んできて使ったり闇市に流したりすることはあった。また一九七〇年の「コザ騒動」*では、交通事故の処理をめぐって怒った民衆が米軍に対する日頃のうっぷんを晴らすかのように、米軍車輌六台、アメリカ軍人・軍属の車七一台に火を放ち、嘉手納基地の中まで入り込んで校舎や事務所に放火した。

＊一九七〇年一二月一九日から二〇日にかけての深夜、米陸軍病院勤務の米軍属がコザ（現沖縄市内で道路横断中の歩行者をはねて怪我を負わせ、軍憲兵（ＭＰ）が事故処理にあたった。ちょうど糸満市で主婦をひき殺した米兵に対し軍法会議で無罪判決が下された直後だったため、群衆が正当な処理を要求して事故現場を取り囲んだ。その過程でＭＰが銃を威嚇発砲したことから住民が怒りを爆発させ、ＭＰや米人の車両に次々と放火し、さらに嘉手納基地内まで入って雇用事務所や学校にも火をつけ、沖縄ではかつてない反米騒動へと発展した。ランパート高等弁務官は、このような事態が起こる脅威が完全になくならない限り、予定していた毒ガス撤去は行わないとの声明を発表して、高圧的な態度を示した。

では、米軍基地内あるいは基地外における、米軍人・軍属に対する沖縄人の凶悪犯罪について、米軍はどのような情報をもっているのだろうか。それについて教えて欲しいと、まずメールで米国防省に尋ねた。在沖米海兵隊司令部の広報室に回されたので、同司令部広報担当官に同じ質問をしたところ、担当官は私の質問の意図、レポートに書くとしたらどういう角度から書くのか、といったことのほか、私の履歴や現在の身分などを尋ねてきた。簡単な返事を送ったが、今度は「本件に関する最善の情報源は沖縄県警」と、結局、情報提供を拒否した。

そこで沖縄県警に出かけていって直接尋ねてみた。県警の担当者は、加害者が沖縄人で米軍人・軍属が被害者という事例は把握していない、とのことだった。そのような事例がないのか、それとも記録がないのかとたたみかけたら、「被害者」を米軍人・軍属、在住外国人、日本人などといった「属性」で分類していないのではっきりしないが、「事件」になったケースはおそらくゼロに等しいだろう、という返事だった。担当者は、いわゆるコザ騒動のときの自動車焼き打ちや、飲屋街などでのいざこざを除けば、米軍関係者が事件の被害者になったという話は聞いたことがないという。沖縄県基地対策室や那覇防衛施設局にも問い合わせたが、知らないということだった。他の警察関係者、県庁関係者、記者などにも訊いてみたが、同じ答えだった。おそらく、沖縄ではそのような事件はない、ということだろう。

そこで、在沖米海兵隊司令部広報室に上記のやりとりを説明して、再び基地内外での沖縄人を加害者、米軍人・軍属（米軍用語によれば、ＳＯＦＡ＝日米地位協定＝要員）を被害者とする事件や事故について尋ねた。広報室は、在日海兵隊基地第三海兵遠征軍からの回答を伝えてきた。

私の質問の趣旨は、「強姦や殺人などの悪質な犯罪」について、古いものがなければ近年のものだけでもよいから、具体的な事例や統計数字を教えてもらいたい、というものだったが、質疑応答形式の回答文では表現が変えられている。

**✴海兵隊からの回答――「情報はない」**

質問は、「基地内外で沖縄のシビリアン（＝民間人）が米軍要員に対して行った犯罪について情報をもっているか」。それに対する回答は、「沖縄住民による米軍要員に対する犯罪数はきわめて限られているが、米国海兵隊はそうした犯罪の件数について統計情報を有していない」。

この種の犯罪は、米軍が問題にするほど起こっていない、という意味だろう。もしも沖縄人による殺人、強姦、放火などの事件が起こっていたなら、沖縄のメディアや諸団体からいつも非難されている米軍としては、黙っていまい。

そもそも、沖縄住民は米軍に対する怒りは抱いていても、個々の軍人・軍属に対してはそれこそ「フレンドリー」だ。彼らが一人で道を歩いていても、危害を加えようとする人はまずいない。戦後沖縄史上、ほぼ唯一といってもよい反米騒動（コザ騒動）においてさえ、住民は車など財産こそ破壊したものの、米軍人・軍属に暴行を加えることはなかった（双方に負傷者が出たが、入院までには至らなかった）。

しかも、民間人である沖縄人が、世界最大・最強を誇る軍隊の一部として沖縄においている米軍基地の要員（軍人・軍属）を相手に、犯罪を行うことは想定しがたい。

相手は米国軍隊の一員として軍に守られているだけでなく、軍事訓練を受け、多くは基地内で寝泊まりし、銃などの武器を帯びている。強者である軍人・軍属を弱者である住民が攻撃しようものなら、ほとんどテロ行為のごとく反撃を受けるに違いない。沖縄人＝加害者、米軍人・軍属＝被害者という事件は想定されていないから、日米地位協定においても逮捕権や裁判権の所在が議論されたことさえないだろう。軍用機の墜落、砲弾落下による原野火災、爆音、環境汚染などの加害も一方的で、反対に沖縄側から米軍側に害がもたらされたという事例はない。沖縄人が、トラックなどで米軍基地に突入を図ったり、米軍施設に放火したりしたこともない。いかに戦闘的で過激な反米思想をもつ人でも、強大な米軍基地に害を加えるのは自殺行為であることを認識している。

日米安全保障条約と軍隊に支えられた「支配者」の力が圧倒的に大きい沖縄では、しょせん、沖縄住民は「加害者」となることができない。沖縄はイラクではない。

日米両政府（合同委員会）は、一九九七年三月末、「在日米軍に関わる事件・事故通報体制の整備」について合意した。これは、「公共の安全、環境に影響を及ぼすおそれのある事件・事故が発生した場合」、事件・事故の具体例を挙げて米軍がただちに日本側に通報すべきだと明記したもので、日本人が起こした事件・事故についての通報体制を定めたものではない。

また、もしもこの種の犯罪が起こっているとしたら、海兵隊が情報をもっていないというのは理解しがたい。軍隊というものは、その要員に関する情報を徹底的に管理している。要員の誰かが犯罪の被害者になったり、スパイ活動に巻き込まれたり、性病を移されたりした場合、軍隊は士気を維持し、機密を守り、健康を管理するため、徹底的に調査・究明する。

米国占領下時代の沖縄では、米軍の防諜部隊ＣＩＣ（Counter-Intelligence Corps）が「反米的」と疑われる個人や団体の活動を詳しく調べ、米軍参謀第二部（Ｇ２）に報告していた。軍作業員（米軍雇用員）、軍用地や軍事基地に反対するグループや活動家、労働組合指導者、学生運動家、さらには復帰運動の活動家までも調査し、「反米的」とみなされた人々や団体には「共産主義」のレッテルを貼った。「要注意人物」は出入域を制限され、日本本土への就職や留学（進学）の機会を奪われた。また、米軍人・軍属の犯罪については、憲兵隊（ＭＰ）や憲兵隊に属するＣＩＤ（米陸軍・海兵隊の犯罪捜査隊 Criminal Investigation Division）が捜査を担当し、容疑者は軍事法廷で裁かれた。

こうした過去の例からしても、米軍が沖縄人による米軍人・軍属や基地に対する犯罪行為を調査していないとは考えにくい。軍隊にとって、情報がいかに重要であるかは、いまさら言うまでもない。米国が「脅威」とみなす国やテロ集団に関する情報はもちろんだが、軍隊内の情報を掌握しない軍隊はあり得ない。回答は、沖縄人による犯罪行為はあまりに少ないので、調査対象にしていない、と読むべきだろう。

回答の後半には、「こうした情報は、米国海兵隊が日米安全保障条約に対するその義務を果たすのを支援する沖縄とのポジティブな関係を維持しようというその努力にとって、逆効果（counter productive）である、と米国海兵隊は考えている」とある。つまり、日米安全保障条約上の義務を果たすために沖縄住民と良好な関係を築きたい米国海兵隊にとって、たとえこうした犯罪の件数がわずかであっても、公表しないのがプラスだ、というのである。基地をおかせてもらっている沖縄住民に「遠慮」して、情報を出さないのが賢明だと考えている、というのである。

しかしこれは、論理的におかしい。犯罪件数は多いが、沖縄住民との友好関係を考慮して情報をださない（あるいは問題にしない）、というのなら納得がいくが、回答の前半によれば、そもそもこうした犯罪は数が限られているだけでなく、海兵隊はそのような情報をもっていないというのである。そのような情報はもっていないのに、どうして「数が限られている」とかその公表が「逆効果」とか言えるのだろうか。

要するに、米軍人・軍属に対し、沖縄人が加害者となった事件は存在しなかった、と解釈する以外にない。

## ＊米軍内の犯罪

ところで、基地内における軍人・軍属同士の犯罪は、橋本大使の念頭にあったのだろうか。在沖米軍は、そうした統計を発表していない。しかし、米国では殺人や強姦が日本よりはるかに多い。在沖米軍が例外とは考えにくい。

実は、米軍内でも、年間およそ一万四千件の婦女暴行事件（未遂を含む）が起こっているという(Charmers Johnson, "America's Empire of Bases")。米軍の士官学校でもセクハラ（性的嫌がらせ）や強姦が絶えないと言われ、軍隊内部でも同様の問題が報じられてきた(例えばＡＰ通信社 Lolita C. Baldor 記者の記事、〇五年一二月二四日)。

報道によると、コロラド州コロラド・スプリングスの航空隊士官学校では届け出があっただけで二〇〇三年に十数人の女性士官候補生が強姦されるという事態が起こった。国防総省が二〇〇五年に調査したところでは、その後の改善策にもかかわらず、陸軍、海軍、空軍の士官学校（ミリタリー・アカデミー）で学ぶ女性のうち、四～六％が二〇〇四年度（同年九月～〇五年八月）に通常は「強姦」を意味する「セクシュアル・アソールト＝性的暴力」を、半数以上が性的嫌がらせを受けたと回答した。コロラド・スプリングスの航空隊士官学校では対策に取り組み、さすがにその後は若干比率は下がったものの、ニューヨーク州ウェストポイントの陸軍士官学校では六％が性的暴力、三分の二が性的嫌がらせを受けたと答えた。

二〇〇六年には、米軍全体で三〇〇〇件の性的暴力があった、という国防総省の調査報告もある（AP電、〇七年三月二一日）。ここでいう性的暴力とは「力づく、脅迫、権力乱用などによる意図的な性的接触」で、これには「強姦、合意によらないソドミー（異常セックス）、わいせつな暴行、これらの行為の未遂」が含まれる。このうち、七五六件は軍人の他の軍人に対する行為、数百件は軍人の民間人に対する行為だったという。犯行者のうち二九二人が軍法会議で処罰を受けたほか、二四三人が司法によらない懲罰、二四五人が除隊またはその他の行政的処罰（懲戒または降格）の対象になった。証拠不十分で釈放されたりして軍隊による処罰を受けなかった（その一部は民間や外国政府による処罰を受けた）者も多数いた。

米軍内では性的暴行やセクハラについての苦情が増えたため、二〇〇四年に秘密届け出制を導入するとともに、すべての米軍基地にこうした届け出に対応する担当者を置いた。その結果、二〇〇四年には一七〇〇件、〇五年には二四〇〇件、〇六年には二九四七件の性的暴行の届け出があった（実際の件数はこれよりはるかに多いと見られる）。事件が増えたというより、この制度により被害者が上官や加害者に知られることなくカウンセリングを受けたり、加害者を告発したりすることが可能になったためだという。

イラクの米軍内でも同僚兵士による婦女暴行事件が頻発しているという。それを報じた『デンバー・ポスト』紙の記事（二〇〇四年一月二五日）は、このような書き出しで始まっていた。「イラク戦争に参戦している女性兵士は、自分たちの兵舎にいる油断のならない敵について報告している。彼女たちに性的暴力を働く米兵たちだ」

記事によると、少なくとも三七人の女性兵士が、イラクやクウェートなどから帰還したあと、民間のレイプ危機組織に対し性的トラウマについて相談を求めたという。軍の上官に訴えても、カウンセリングや調査は不完全で、中には暴行を訴えたために逆に処罰の脅しを受けた人もいるという。しかも、その後の同紙の報道によると（二〇〇四年四月一三日）、レイプや他の性犯罪に問われた兵士は、上官（部隊長）の計らいで、軍法会議に起訴されることなく、戒告や降格、給与カットで済まされた。アフガニスタンでは、米軍の女性兵士はナイフを隠し持っているという。同僚の男性兵士から身を守るために。

このような「米軍文化」に照らし合わせて考えると、沖縄における米兵の沖縄女性暴行事件は氷山の一角に過ぎないことが分かる。

米軍内の女性兵士暴行や性的嫌がらせはベトナム戦争や湾岸戦争でも多数起こったことが報告されており、ほぼ慢性化していると言ってもよいだろう。米国内外の米軍基地でレイプ事件などが多発している事態を考えると、在沖米軍基地でも同様のことが起こっていると推察せざるを得ない。米国では、家庭内暴力（ＤＶ）や麻薬問題も深刻だが、沖縄の軍隊内ではそうした暴力や麻薬違法事件は起きていないのだろうか。米軍人・軍属の犯罪率が沖縄住民の犯罪率より低いという場合、そのような基地内犯罪も含めているのだろうか。

### ✳「低い犯罪率」賞賛の虚構

先に述べたように、沖縄住民に対する米軍人・軍属による犯罪が、復帰前と比べると大幅に減少した、というのは事実である。しかし、だからといって、犯罪の減少を賞賛・宣伝する米軍や日本政府の態度には首をかしげざるを得ない。

第一に、米軍人・軍属の大半は、基地外の沖縄住民と一緒にいるより、基地内で訓練を受け、寝泊まりする時間の方が圧倒的に長い。一方、沖縄住民の大半は日常生活のすべてを基地外で過ごす。しかも、基地内でも、軍人・軍属同士の暴力、窃盗、強盗、強姦などの事件は起こっているはずであるが、それは日本（沖縄）の警察には報告されない。すでに見たように、沖縄住民の米軍人・軍属に対する犯罪数はとるに足りないほど少ない。

米軍は基地内の犯罪（率）を公表していない。そのことを除外して、沖縄住民どうしの犯罪発生率と、基地の外だけでの沖縄住民に対する米軍人・軍属の犯罪発生率を比較するのは、意味がない。米軍人・軍属が引き起こす事件数に生活時間数を加味すれば、彼らが基地外で過ごす時間の割に、いかに多くの事件を引き起こしているかが分かるだろう。こうしたことを無視して、米軍人・軍属の犯罪件数を沖縄住民の犯罪件数と比較して、軍人・軍属の犯罪比率が低いと主張するのは、基地外における彼らの犯罪を正当化することにほかならない。

第二に、沖縄が日本における米軍人・軍属の犯罪件数第一位という点が忘れられている。犯罪件数が第一というのは、日本で米軍基地の規模が最大で、米軍人・軍属の数も最多である上に、密集した島に住民居住地域と隣接して駐留していることと深く関係している。沖縄戦以来の米側の「勝利者＝占領者」意識も、完全には消えていない。米国政府や日本政府の役人は、日本国内やヨーロッパなど他の米軍駐留地域と比較した数値を示していないが、かつてチャルマーズ・ジョンソンが引用した米国の新聞によれば、沖縄における米軍人・軍属の犯罪率は抜きんでて高かった。

第三に、基地外で罪を犯した軍人・軍属が、一般のアメリカ人や他の外国人と同じ処罰の対象になっていないことを、問題にしていない。一般の外国人が日本で罪を犯せば、日本の法律によって裁判を受け、刑に服し、あるいは強制送還の処分を受ける。また明治四一（一九〇八）年の「監獄法」により、逮捕された被疑者は、国籍を問わず、弁護士との接見も許されないまま、およそ三週間も「代用監獄」（警察の留置場）に拘禁されることもある。これは、被疑者を速やかに警察から司法（裁判）の場に引き渡すことを定めた国際人権規約に違反するとして、国際的な批判を浴びている。

一九九五年に沖縄で起きた少女暴行事件では、米軍が容疑者三人を基地内に拘置したまま沖縄県警に車で送迎して事情聴取を受けさせた。日本側の起訴を受けて身柄は引き渡されたものの、裁判結果は禁固七年程度であった。米兵による凶悪犯罪が絶えない沖縄で、犯人が死刑を宣告された（あるいは宣告されたことが判明した）例はきわめて少ない。

## ✴青信号で横断中の中学生をひき殺して無罪

一九五五年に、六歳の女の子を殺害した米兵に米軍の軍法会議は死刑を宣告したが、その後四五年の重労働に減刑したという。五九年に二三歳の女性を絞殺したとして検挙された兵士は、懲役三年の判決を受けただけだ。同じ年、キャンプ・ハンセンで銃弾の薬莢《やっきょう》拾いをしていた農婦を「イノシシと間違えた」として射殺した米兵は、軍法会議で無罪となった。六一年の女性刺殺事件では無期懲役、六三年の女性絞殺事件では懲役一八年、同年に那覇市内を通る一号線（現在の国道五八号線）を青信号で横断中の中学生をひき殺した公務中の米兵運転手は無罪、六七年の女性絞殺事件では懲役三五年の判決、といった具合である。沖縄の本土復帰まで米軍人・軍属に対する捜査・裁判権は米軍にあったため、犯人は軍法会議で比較的に軽い判決を受けるか、場合によってはどのような処罰が下されたのか明らかにされない事例も多かった。

復帰にともない、日米地位協定が在沖米軍にも適用され、公務執行中でない軍人・軍属の犯罪に対する扱いが変わった。七二年の八月と一二月に女性を絞殺した二人の米兵や八三年にタクシー運転手を刺殺した二人の米兵はともに無期懲役の判決を受けた。ただし、七四年にブロックで女性を殺害した兵士に対する判決は懲役一三年、九一年に男性を刺殺した米兵は懲役九年と、犯行の状況などにより異なる。九五年に小学六年生を拉致・強姦した三人の兵士は、那覇地方裁判所で懲役七年から六年六カ月の実刑判決が言い渡され（二人は控訴したが、公訴は棄却された）、服役ののち、帰国した。

旅行客や一時滞在者なら、強制送還されても不思議ではない。ところが、米軍人・軍属はそうした対象にならない。

米軍人・軍属の凶悪犯罪は、沖縄だけでなく、グアムや韓国やフィリピンでもよく引き起こされると報じられている。麻薬事件や密輸事件も発生している。報道されることはないが、軍人家族内の暴力事件もあるだろう。イラクでは、アブグレイブ刑務所で世界中を震撼させる虐待事件が起こった。二〇〇六年三月には、米軍兵士が前年一一月、イラクで女性と子どもを含む一般市民二四人を殺害したことが報道された。イラクやアフガニスタンなどからの帰還兵士が銃の乱射事件を起こすこともある。* 多くは心的外傷後ストレス障害（ＰＴＳＤ）によるという。

＊二〇〇六年七月一四日付けの米紙『ニューヨーク・タイムズ』によると、イラクで一四歳の少女を強姦し、その家族を殺害したとして起訴された米陸軍兵士は、前年二月に入隊するまで違法薬物所持、未成年のたばこ所持と酒類所持などの犯罪歴をもっていたという。こうした若者が入隊できたのは、「陸軍が過去の犯罪歴についての基準を緩和」した結果だという。米軍人の質が低下しているのである。

## ✴根拠のない米軍人・軍属の低い犯罪率

このように検証してみると、「米軍人・軍属の犯罪率は沖縄住民の犯罪率より低い」という主張には根拠がないことが分かる。それどころか、米軍が犯罪率の高い米国＊の一部であって、しかも戦闘を主任務とする組織であり、軍隊内部での凶悪犯罪も多い、軍事法廷が身内に甘いといった観点に照らすと、事実は逆ではないかと推察できる。

＊たとえば二〇〇四年に米国で認知されたレイプ（強姦）事件は一九九二年の約一〇万件よりは減ったものの約九万五千件（人口一〇万人あたり三二件、日本は平成一五年で一・九件）、九一年に二万七千件もあったマーダー（殺人）は一万六千件強（同五・五件、日本は平成一五年で一・一件）を数えた。国連統計によれば、殺人、性犯罪、強姦、暴行、窃盗（強盗／家宅侵入／自動車窃盗／

その他)、詐欺、通貨偽造、麻薬所持などの刑法犯罪の認知件数を総人口で割った犯罪率は、日本の二・三%(二〇〇二年)に対し、米国は四・二%(二〇〇一年)とほぼ二倍に達する(ウェブサイト「国際統計 - 犯罪率統計・ICPO調査」)。

統計は、国によってとり方が異なり、それぞれの犯罪の定義や区分けにも違いがあるので、比較はむつかしい。しかし、日本の中だけで見ると、沖縄は重要犯罪、重要窃盗犯、凶悪犯(殺人、強盗、放火、強姦)、粗暴犯(暴行、傷害、恐喝など)、窃盗、詐欺などの知能犯、強制わいせつなどの風俗犯といった刑法犯が特に高い比率を示しているわけではない(平成一五年の全国の認知件数二七九万件に対して、沖縄は二万三千件=ほぼ人口比に相当)。

このように見てゆくと、「在沖米軍人・軍属の犯罪率は、沖縄住民の犯罪率より低い」という主張が、いかに欺瞞《ぎまん》に満ちているかが分かる。もし欺瞞でないと言うなら、米国務省や在日米軍は、基地内の犯罪をすべて公表し、その上で反論すべきである。

## 5 「基地経済」の実態を検証する

米軍基地は沖縄経済に不可欠な「第一位の作物」である——と、約四〇年前の一九六五年四月、アルバート・ワトソン第四代琉球列島米国高等弁務官は「基地作物論」を展開した。

これといった民間産業のない沖縄は、当時、軍作業員と呼ばれていた基地従業員や土木・建設業者から、基地に近い飲食店（や売春業者）、自動車修理工場、洗濯業者、家事手伝いに至るまで、基地に依存していた。高等弁務官だけでなく沖縄の経済界や政界の一部も、基地経済の重要性を訴え、沖縄が早期返還されれば、沖縄戦前の「イモとハダシ」の時代に戻る、と喧伝した。まさに「軍事植民地」賞賛である。

沖縄経済に占める米軍基地の重要性は、その後、大幅に低下した。しかし米軍は、沖縄経済にとって軍事基地の存在は依然として大きい、と主張する。

## ＊米軍が主張する「経済貢献」

在日米国海兵隊の「在沖米軍がもたらす経済効果」というウェブサイトに掲載されている上図（二〇〇〇年に前年度の数字をもとに作成されたと思われる）につけられた説明によると、「全体的に、在沖米軍は軍関連契約、個人関連消費、賃貸料、防衛施設整備事業や日本人雇用などで沖縄の経済に年間およそ一六八〇億円貢献している」という。

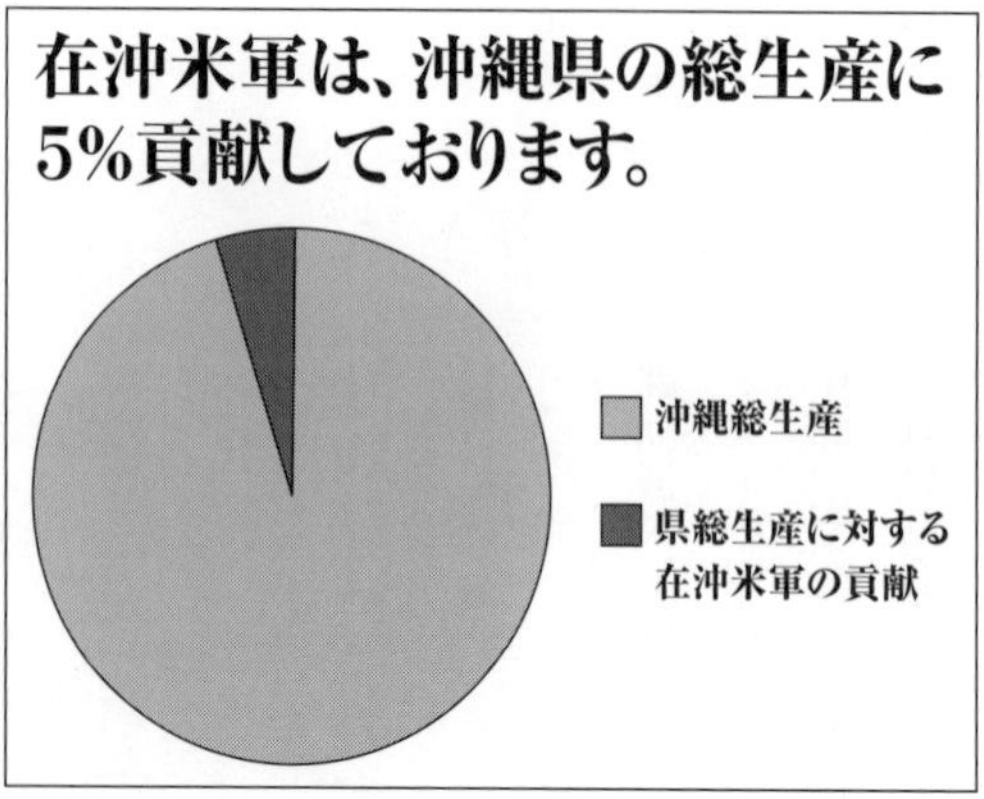

在沖米軍は、沖縄県の総生産に
5%貢献しております。
沖縄総生産
県総生産に対する
在沖米軍の貢献

「経済貢献」で特に大きいのは、工事費と借地料代だ。その年、在沖米軍が地元業者と交わした米軍関連工事契約の額は五八七億円。加えて、防衛施設整備事業に八五億円が支払われた。

軍用地の地主約三万人に払われた借地料は総額五八一億円にのぼった。また、日本人基地従業員七九二八人に、総額三四七億円が支給された。米軍は、約二万五千人を雇用している県庁にははるかに及ばないものの、琉球銀行や沖縄電力を抜いて、沖縄で二番目に大きい雇用主だという。

こうした「貢献」以外に、基地外に住む約三千人の軍人・

軍属が支払う家賃が四億六千万円、光熱費が一億七千万円、ごみ収集費が五千五百万円、電話料が六〇〇万円にのぼり、また軍人・軍属が二万七千台の車両を個人名義で所有し、車両購入費以外に道路税一億七千万円、責任保険料一四億円を払った。

加えて、教会や諸団体による慈善活動もある。平成一一年度（米軍の日本語ウェブサイトでは、西暦ではなく「平成」が使われている）には、「米国婦人福祉連合」から二千万円、「基地内宗教提供資金」から三六〇万円が、沖縄の慈善活動に寄付された。

米海兵隊によれば、こうした消費は、間接的に、地元経済に「計り知れない」波及効果を生んでいる。海兵隊広報部は言う。「例えば、米軍日本人基地従業員、米軍用地地主、工学会社、建設業社（注：土木業者、建築業者のことか）などによる民間地域での消費。このような消費は地元経済に大きく貢献いたしております。……何故ならば観光と同様に、米軍人・軍属共通して住宅、工事、光熱費などで消費しているからです」

在沖米軍が二〇〇五年一月に作成した内部レポート『沖縄経済に与える米軍基地のインパクト』によれば、基地の経済効果は以前よりさらに拡大しているようだ。同レポートの推計では、「米軍基地の存在が沖縄に少なくとも一九億ドル（二千四百億円）をもたらし」、「県民総生産（GPP）の六％以上、関連収入を含めれば一〇％になるであろう」という（『沖縄タイムス』二〇〇六年一月一〇日）。先述の「経済貢献」の数字に近い。

## ＊基地経済を支える「思いやり予算」

このように米軍は、沖縄に米軍が駐留することによる「経済貢献」を主張する。しかし、これを報じた地元紙は、この内部レポートは「主に〇三年米会計年度の工事の発注や、物資を購入する各軍約二十組織の企業との契約額などを積算、基地内の病院や学校の消耗品、備品購入まで一ドル単位で集計し、米軍（政府および個々の軍人・軍属）消費支出額を七百三十七億円とはじき出し」、その上で「日本政府が支出する光熱費や、基地所在自治体への調整交付金まで加え、額が膨らんでいる」と指摘している。つまり、日本国民の税金から拠出される日本政府の基地援助金まで、米軍による経済貢献に含めている、というのである。

たしかに、「基地経済」の実体は、米軍が購入する若干の地元産品や米軍人・軍属の消費（それさえ、基地被害の大きさの割に極めて少ない）を除くと、ほぼ日本政府の「思いやり予算＝正式にはhost-nation support＝対米接受国支援」から支払われる基地施設維持費、軍用地代、日本人基地従業員の給与などから成り立っている。*

＊沖縄県企画部が二〇〇七年三月に発表したところによると、二〇〇四年度の基地関係収入（推計）は総額二六〇〇億円（県民総所得の五・三％）だった。内訳は、軍用地料＝七七〇億円、軍雇用者

所得＝五〇七億円、米軍への財・サービスの提供＝七二九億円となる。この最後の「財・サービス」の約七割は「思いやり予算」による米軍施設整備や米軍直轄工事などが占め、日本政府が支払う軍用地料や従業員給与を含めると、大半を日本政府の支出が占める。しかも、米軍が発注した工事や物品のうち七七％は本土業者との契約によるものだ。在沖軍人・軍属による基地外消費も、一四一億円にとどまっている。沖縄経済への波及効果は、米軍が喧伝するほど大きくはない。

二〇〇五年の米軍報告を報道した地元紙も、「米軍は基地の『経済貢献』を強調するが、沖縄の基地を財政的に支えているのは、日本政府だ。基地関連収入二千四百十一億円のうち、七割に当たる千六百七十五億円を日本側が負担している」と分析している。

日米地位協定では「日本国に合衆国軍隊を維持することに伴うすべての経費は……日本国に負担をかけないで合衆国が負担する」と定められているにもかかわらず、日本政府は一九七八年以降、日本人従業員の福利厚生費と労務管理費を肩代わり負担することになった。その後、負担項目は追加され、現在では従業員の語学手当て・年末手当て（ボーナス）・退職金、米軍人用住宅手当て、米軍が使用する電気・ガス・水道料、軍用地料、提供（基地）施設の整備料、訓練移転費なども日本が負担している。

### ✷政府交付金に依存する市町村

政府は「思いやり予算」のほかに、基地周辺対策費（騒音防止、民政安定助成、道路改修費などの周辺環境整備）、住宅防音補助金、補償費（漁業補償など）のほか、米軍基地を抱える市町村に多額の助成交付金と調整交付金を支給している。たとえばキャンプ・ハンセン訓練場やぎんばる訓練場など面積の五九％が基地という金武《きん》町、キャンプ・シュワブやキャンプ・ハンセンのある宜《ぎ》野《の》座《ざ》村（基地のシェア五〇・七％）、キャンプ・ハンセンや嘉手納弾薬庫が及ぶ恩納《おんな》村（同二九・四％）、嘉手納飛行場や嘉手納弾薬庫の中心地・嘉手納町（同八二・六％）、嘉手納弾薬庫や通信施設のある読谷《よみたん》村（同三六％）のほか、基地が大きな面積を占める伊江村（同三五・二％）、北中城《なかぐすく》村（同一八・三％）、名護市（同一一・一％）、北谷《ちゃたん》町（同五三・五％）などでは、こうした収入が重要な財源になっている。沖縄県によると、歳入総額に占める基地関係収入（平成一五年度普通会計決算）の割合は、金武町が三三・二％、宜野座村が二九・九％、恩納村が二三・七％、嘉手納町が二〇・三％、読谷村が一六・一％、伊江村が一五・九％、北谷町が一四・八％、名護市が一四・二％、北中城村が一〇・四％に及ぶ。*（普天間基地の移設予定地となった名護市では、その後、基地関係収入比は急上昇している。）

＊米軍基地のない沖縄本島北部の大宜味《おおぎみ》村や今帰仁《なきじん》村、中部の西原町、南部の玉城《たまぐすく》村や南風原《はえばる》町、本島離島の渡嘉敷村や座間味村や粟国《あぐに》村、先島《さきしま》の宮古島市や石垣市などには、もちろん、こうした

基地収入はまったくない。二〇〇七年五月に衆議院で可決されたいわゆる米軍再編のための法律「駐留軍等の再編の円滑な実施に関する特別措置法」が実施されれば、その格差はさらに広がるだろう。

たとえば金武町の場合、歳入総額七六億円のうち基地関係収入は二五億二六五〇万円にのぼる。内訳は、防衛施設周辺の生活環境の整備＝三億二七五〇万円（特定防衛施設周辺整備調整交付金＝二億八五三〇万円、障害防止工事の助成＝三一一〇万円、民生安定施設の助成＝一一一万円）、基地交付金＝四億三四二〇万円（施設など所有市町村調整交付金＝二億七二一〇万円、国有提供施設など所有市町村助成交付金＝一億六二二〇万円）、防音事業関連維持費補助金＝一六三〇万円、基地関係財産運用収入＝一七億二三九〇万円などだ。

その他に、「沖縄米軍基地所在市町村活性化特別事業（島田晴雄慶応大学教授が座長をつとめた懇談会［内閣官房長官の私的諮問機関］の提言に基づく通称「島懇事業」）に該当するプロジェクトには国から九割の補助がある。これまでに、たとえば沖縄市に「こども未来館」、宜野座村に「人材育成センター」、名護市に「電話番号案内センター」や「国際海洋環境情報センター」、読谷村に「農業支援センター」、恩納村に「生涯学習施設」、浦添市に「産業振興支援センター」、勝連町に文化施設「きむたか（肝高）ホール」などが、島懇事業として建設された。米軍基地は基地をかかえる市町村にとってまことにありがたい存在なのだ。

しかし、県民総所得に占める基地関連収入（軍人・軍属の消費支出、軍雇用者所得、軍用地料）の割合は、復帰の年（一九七二年）の一五・六％からどんどん下降し、金額も、復帰五年後の七七年には一〇一四億円と観光収入の一〇二四億円を下回った。それから一〇年後の一九八七年以降は、比率はほぼ五・〇～五・二％で推移している。観光収入との差は開くばかりだ。

しかも、これらのいわゆる軍関係受け取りの中で最大を占めていた軍人・軍属（復帰時の四万二千人から二〇〇四年には四万五千人余に増えているにもかかわらず）の消費支出は伸び悩み、今やほぼ軍雇用者所得（軍雇用者は復帰時の約二万人——一万五千余人は基本労働契約者——から二〇〇四年には八八〇〇人へと大幅に減ったにもかかわらず）と肩をならべ、軍用地料（軍用地面積は復帰時の二八七万平方キロメートルから二〇〇四年には二三七万平方キロメートル*に減ったにもかかわらず）にははるかに及ばない。軍人・軍属の消費支出が停滞しているのは、地元の物価に対して彼らの収入が相対的に減少したのと、基地内での飲食やショッピングが増えたためだろう。

＊本土の米軍基地は、その大半の七五％が国有地に設置されている。逆に、沖縄では、米軍用地の六五・七％は私有地や市町村有地など、国有地以外の場所にある。それが、都市開発や地代や返還後の処分を含め、沖縄の米軍基地問題を複雑にしている。

## ✴基地のマイナス効果

以上、米軍の主張する「経済貢献」の実態について見てきたが、軍事基地の経済効果について語るときは、そのプラス面だけでなく、マイナス面にも視線を向ける必要がある。

これは、多岐にわたる。たとえば、町の面積の八三％を嘉手納飛行場、嘉手納弾薬庫地区、陸軍貯油施設によって占拠されている嘉手納町では、残ったわずか二・六平方キロメートルの地域に一万四千人の町民が暮らさざるを得ず、「生活環境をはじめ、都市基盤の整備や産業の振興をすめる上で大きな制約となっている」（嘉手納町ホームページ）。基地は町を寸断して消防車の通行もままならない。それだけでなく「昼夜の別なく生ずる航空機騒音は、日常会話や安眠、テレビ、電話等の視聴を妨げるなど町民生活にさまざまな影響を及ぼしている。また、これまで町域内で四件の航空機墜落事故が発生し、町民に死者三名、重軽傷者二四名の被害が出た」。

米軍基地は、そのほか、環境汚染、山野火災などの自然破壊、交通渋滞などの原因となり、汚染、騒音、米軍関連の事件・事故、基地や軍人・軍属の「治外法権性」、「緊急事態」による人々の不安や観光などへの影響、米軍基地が呼び起こす戦争の記憶、沖縄から「出撃」した爆撃機や兵士に攻撃される地域や人々への思い……そうしたものがなくなるだけでも、「経済効果」に換えられないプラス効果がある。

米国の同時多発テロ後に、米軍が過度に神経質になり、在沖米軍基地がテロ攻撃を受けるのではないかという不安をかきたてた結果、修学旅行をとりやめる本土の高校が続出し、それが沖縄の観光業界に甚大な損害をもたらした。輸送ヘリが墜落した沖縄国際大学では、焼けこげが残った建物壁を取り壊した。教職員や学生の中には保存すべきという意見も強かったが、理事会は受験生の減少を恐れて改築を決めたと言われている（新館は二〇〇六年一〇月末に完成。旧館については米軍と防衛施設庁が取り壊し工事代を含めて補償し、建て増し工事費は大学側が負担した）。

## ✴再開発で生まれ変わる基地跡地

基地が撤去されたら、こうした「基地被害」がなくなるだけではない。沖縄本島中キャンプ瑞《ず》慶覧《けらん》のハンビー飛行場とキャンプ桑江のメイモスカラー射撃演習場、那覇航空基地、那覇市郊外の米軍住宅地、本島中部の天願《てんがん》通信所は、返還された後、再開発されて生まれ変わった。

たとえば太平洋沿岸の金武《きん》湾に面した天願は、一九四五年に強制接収されて米陸軍の物資集積所、次いで戦略通信コマンドの通信基地として利用されていた。返還されて区画整理事業が行われた結果、かつて通信用アンテナが林立していただけだった基地は、いくつかの公共施設をもつ住宅・市街地（みどり町）に変貌した。

ハンビー飛行場とメイモスカラー射撃演習場の跡地には、大観覧車、八つのスクリーンをもつ映画館（シネマコンプレックス）、ホテル、ショッピング・センター、ボーリング場、住宅、学校、雑貨店などが建ち並び、広大な駐車場も用意されている。ここは、かつて田園地帯だったところを米軍に強制収用されて米軍施設にされていたのだが、*一九八一年に返還されたあと再開発され、今や地元の人たちだけでなく観光客で賑わう華やかな町に一変した。北谷《ちゃたん》町美浜、通称アメリカン・ビレッジである。

＊射撃場跡地から、米軍が投棄した二〇〇本近くのタール状物質入りドラム缶が発見され、周辺土壌が汚染されていた。これは、那覇防衛施設局が焼却した。

軍用空港や那覇軍港に臨む金網で囲まれた一帯に米軍将校・下士官の住宅、学校、ゴルフ場、PX（post exchange＝駐屯地売店）、銀行などが点在していた那覇航空基地（那覇エアーベース。正式名称は那覇空軍海軍補助施設）は、航空自衛隊基地となった一部や返還が予定されている那覇軍港を除いて、一九八〇年代に返還された。那覇空港に近く、那覇都心への交通の便利もよいため、この地域はきれいに整備され、住宅、デパート、学校、公園などが建ち並ぶ町に変貌を遂げた。

那覇市内を見下ろす天久《あめく》（上之屋）には、「おもろ町」と呼ばれる、新築の高層ビルが建ち並び、中には新聞社あり、デパートあり、病院あり、公園あり、団地ありの「那覇新都心」が広がる。

ここには、米軍が強制的に住民を立ち退かせて、当時の沖縄では珍しい芝生囲い・コンクリー

# キャンプ瑞慶覧(ハンビー飛行場)の基地当時と現在

【返還前】――一九七二年撮影

【返還後】――二〇〇二年撮影

■沖縄県総務部知事公室基地対策室編『沖縄の米軍基地(03年版)』より

## 天願通信所の基地当時と現在

【返還前】――一九七二年撮影

【返還後】――二〇〇二年撮影

ト造りのおよそ一二〇〇戸が金網越しに広がっていたが、貧しい沖縄の人々には別天地に見えたその米人住宅街（牧港住宅地区）の面影は、いまやまったくない。一帯は、一九七七年から八七年までに全一九四ヘクタールが返還され、地籍や境界の確定作業、上下水道や道路の基盤整備、学校や文化施設や公園などの用地確保のあと、新都心開発へと発展した。

新都心と呼ぶのは、那覇市が久茂地《くもじ》にある老朽化した市庁舎をここに移転する計画になっていたからだ。この計画は財政難のため宙に浮いたが、沖縄本島西岸を縦断する幹線・国道五八号線と那覇市内から旧沖縄市（現うるま市の一部）まで延びる国道三三〇号線（バイパス）に挟まれ、那覇空港からのモノレールも通るおもろ町は、混雑した那覇市街と比べて区画整理が行き届き、まさに新都心の趣がある。

このように、かつての米軍施設が返還されて開放・再開発されると、住宅地、商業地、教育地域、アミューズメント・パークへと変容し、単に住民にとっての危険や不便が減少するだけでなく、活用されて経済的な価値も大きく高まる。

同様のことは、閉鎖が約束されている普天間飛行場についても当てはまるだろう。同飛行場のある宜野湾市が二〇〇六年二月に発表した「普天間飛行場跡地利用基本方針」によると、那覇市の北一〇キロにあるこの基地（四・八平方キロ＝約一四五万坪。大半は民有地）の跡地は、環境と文化資源の保全に配慮しつつ、沖縄県における「新たな振興の拠点」にしたいという。具体的には、住宅地や商業地のほか、公園、幹線道路、情報通信網、産業施設、学術研究施設、公共・公益施設を備えた多機能市街地が構想されている。

普天間飛行場に近いキャンプ瑞慶覧《ずけらん》、キャンプ桑江、キャンプ・キンザー（牧港補給基地）などが開放されれば、これらの地域も生まれ変わることになる。

ちなみに、沖縄県が二〇〇七年五月に発表した試算によると、日米間で基地再編について合意されたとおりに嘉手納基地以南の米軍基地・施設が返還されると、跡地整備のための土木・建築事業の経済効果だけで約一兆円、跡地利用による生産誘発で一兆七千億円、税収が約一三〇〇億円も見込まれるという。現在のおよそ一七〇〇億円にのぼる軍用地料収入は失われるが、大規模開発による周辺地域の既存の商店への影響なども含めて考えれば、開発事業にともなう財政負担を差し引いても中・長期的にはプラス効果の方がはるかに大きい。

このように、米軍基地が撤去された後の跡地は、いずこも目をみはるような発展をとげている。そのことを無視して、あたかも米軍基地が沖縄経済を支えているかのような米軍の主張は、基地の存続を正当化しようというもので、あたかも沖縄は「軍事植民地」のままの方が経済的メリットは大きい、と言っているようなものだ。しかし「軍事植民地」は、沖縄経済を歪め、健全な発展を阻害している側面が大きい。マイナス効果を無視してプラス効果のみを宣伝する米軍の言い分は、説得性に欠ける。

## ✷「国際都市形成構想」が描いた夢

大田昌秀県政下の一九九六年、沖縄県は二一世紀へ向けた「国際都市形成構想」を発表した。基地の島から、平和交流、学術・技術協力、経済・文化交流を柱とする平和の島へ転換し、自立的発展を図ろうというきわめて野心的でスケールの大きいプロジェクトであった。米軍用地を二〇一五年までに全面撤去するというのが前提だったため、国の支持が得られず、計画は頓挫してしまったが、実施されていたら、沖縄は大きく生まれ変わったであろう。近年議論されている東アジア共同体構想でも、日本とアジア太平洋地域を結ぶ交流拠点として重要な役割が果たせたはずだ。

国際都市形成構想はまず一二の「拠点」を挙げる。普天間飛行場の跡地に亜熱帯環境研究所をつくり、研究所や沖縄コンベンションセンターなどを拠点に学術・技術協力と国際交流を推進する。那覇新都心をビジネス、居住、文化などの拠点とする。糸満市、那覇市、浦添市、宜野湾市などを結ぶ交通の便をさらに向上させ、貿易・物流や人の往来の拠点とする。本島南部を平和交流の拠点とする。本島北部の沿岸、宮古、八重山などをリゾート拠点として発展させる。中城湾一帯を、アジア太平洋地域との産業交流や人材育成の拠点とする。広大な嘉手納飛行場一帯を、国際文化観光都市を形成する拠点にする。本島西岸の読谷村一帯に農業研究開発拠点をおく。名護市を中心とする本島北部を、自然環境と学術都市の共生拠点にする……。そのほかには、本島北部の自然環境保全・技術研究拠点、宮古群島の「島しょ型開発技術交流拠点、八重山群島の環境保全・文化交流拠点が挙げられている。

これらを実現するために、アジア太平洋地域との交通ネットワークの整備、米軍基地の返還跡地の整備・利用、アジア太平洋地域との交流・協力の促進、情報関連産業の推進や全県自由貿易地域の整備、金融・投資特区、海洋療法など新たな産業の創出、環境・医療・平和・亜熱帯農水産などに関する研究機関の設置・誘致、人材の育成・確保、民間による国際貢献の推進という、七つのプロジェクトを提案している。

この構想は米軍基地の全面撤去を前提にしていたため、日本政府の反対により実現しなかった。しかし、沖縄の自立のためには、くじけずに新たな構想を打ち出し、実現へ向けて政府に働きかける必要があろう。

# 第Ⅲ部
# 「祖国」から遠く離れて

■新基地建設予定の辺野古の浜を遮断する有刺鉄線

# 1　沖縄「同胞」より「対米関係」

日本政府が守るべきは、沖縄の日本人同胞か、それとも対米同盟関係か。これまでの歴史的経過を見る限り、答えはかなりはっきりしているようである。

**＊天皇メッセージ**

まず、一九四七年、天皇・裕仁が側近（宮内庁御用掛）の寺崎英成を通じて米国側に伝えた、いわゆる「天皇メッセージ」によれば、「寺崎氏は、米国が沖縄およびその他の琉球諸島の軍事占領を継続するよう天皇が希望していると、言明した」。「そのような占領は、米国に有益であり、また、日本を守ることになる」、というのが天皇の見解だという。（W. J. Sebald to General MacArthur）

天皇は、さらに、「沖縄（および必要とされる他の島々）に対する米国の軍事占領は、日本に主権を残したままでの長期租借（long-term lease）――二五年ないし五〇年、あるいはそれ以上――の擬制（fiction）にもとづくべきであると考えている。「擬制」とは、ここでは「架空（ウソ）」ということを意味しているのではない。実際は「軍事占領」であるのに、あたかも日本が主権を維持したままの「長期租借」であるかのごとく見せかけようとした、すなわち、「実際とは異なる見せかけ」――それが「擬制」である。

寺崎によると、「このような占領方法は、米国が琉球諸島にたいして恒久的野心をもたないことを日本国民に納得させ、またソ連と中国をはじめとする他の諸国が同様の権利を要求するのを阻止するだろう」と天皇は考えていたという。寺崎は、軍事基地権の取得は、連合諸国との平和条約ではなく、日米二国間の条約に基づくべきだとも述べた。

寺崎と会ったウイリアム・J・シーボールト対日占領軍総司令部政治顧問は、マッカーサー宛てのメモに「こうした措置は、日本国民の幅広い賛同を得るだろう」と述べ、また二日後の国務長官宛ての電文には「彼（天皇）の意見では、日本国民は……軍事目的のための米国の（琉球）占領を歓迎するだろう」と書いた。その後の日本国民の態度を振り返ってみると、あながち的外れな意見ではなかったようだ。終戦後、しかも天皇を単なる「象徴」と定めた憲法発布後とはいえ、天皇が戦前・戦中派の政治家や一部の国民にまだ大きな影響力をもっていた時代である。

## ＊沖縄の〝潜在主権〟は認められたものの

一九五一年には、敗戦国日本は連合側諸国とサンフランシスコで平和条約を締結することになるが、ときの首相・吉田茂は、平和条約への日本の対応に関する文書に、沖縄や小笠原諸島を維持したいと希望しつつも、「軍事上の理由からアメリカがこれらの島々の一部を必要とされる事情はよく分かっているので、それらはバミューダ方式（九九カ年の租借）によってアメリカに租貸することを辞さない」との文言を書き入れるよう西村熊雄条約局長に指示した。

いずれの場合も、「日本」の独立を守るために、沖縄を「いけにえ」として米国に差し出しても構わない、というものであった。

沖縄では、米軍占領下にあったにもかかわらず、五一年三月に群島議会が日本復帰を要請する決議を採択し、八月末には平良辰雄群島知事と群島議会がサンフランシスコ講和会議における米国のダレス特使、吉田首相、講和会議議長宛てに、復帰要請の電報を送った。

しかし、住民の要請は無視され、対日平和条約の第三条により、琉球諸島は日本から切り離され、米国の軍事的施政権の下に置かれた。日本が、「独立国日本」と「米軍占領下の琉球」、「日本人」と「琉球人」の二つに分断されたのである。

平良知事を長とする沖縄群島政府は、五一年の部長会議で、「国籍を日本人として、日本国旗の掲揚を許す」「琉球に自治政府を置き、首長及び議員は共に公選する」「日本の法規を最大限に採用する」「琉球人に対する米国民政府裁判所の刑事裁判権を琉球の裁判所に移管する」「教育及び文化に関しては、全面的に日本政府が他府県同様に監督、指導及び援助をする」「日琉間の移住、旅行、進学、就学及び就職の自由を求める」「日本との交易はすべて内国として扱い、何等の制限を設けない」などの要望事項をまとめた。しかし、これもまた日米両政府から無視された。

それだけでなく吉田茂首相は、「奄美大島、琉球諸島、小笠原群島その他平和条約第三条によって国際連合の信託統治制度の下におかるることあるべき北緯二九度以南の諸島の主権が日本に残されるというアメリカ合衆国全権及び英国全権の前言を、私は国民の名において多大の喜びをもつて諒承するのであります。私は世界、とくにアジアの平和と安定がすみやかに確立され、これらの諸島が一日も早く日本の行政の下に戻ることを期待するものであります」と述べた（五一年九月七日）。当時、日本はまだ連合国（米国）の占領下にあり、「勝者」の要求を拒むことができる状況にはなかった。そうした中で、吉田が琉球諸島などの潜在主権が日本に残されたことを喜び、世界情勢の好転により「一日も早く」返還が可能になるのを期待すると語ったのは、敗戦国の首相として精一杯の表明だったのかも知れない。衆議院は、その年の一一月、沖縄、小笠原、歯舞《はぼまい》、色丹《しこたん》の復帰促進を決議したが、時局を反映して、連合国側に「特に好意ある考慮」を期待するにとどまった。

沖縄群島議会（五一年一二月）や琉球政府立法院（五二年四月）は、相次いで、「日本への完全復帰」や、米国大統領や日本の総理大臣に宛てた「日本復帰に関する請願」を決議したが、何の効果も得られなかった。

## ✶在沖米軍基地の無期限保持に外務省は「理解」を表明

それどころか、アイゼンハワー米大統領は、一九五四年一月の一般教書で、共産主義の脅威を理由に、在沖基地の「無期限保持」を宣言した。翌五五年一月には、予算教書で、「琉球列島の軍事基地は自由世界の安全保障上極めて重要」だとして、無期限の占領継続を確認した。

いずれも、一日も早く米国の軍事利用から脱して「祖国復帰」したいと願う沖縄住民には、ショッキングな政策表明であった。

ところが、在沖基地の無期限保持について、外務省は「現在の世界情勢から米国が沖縄を軍事的に利用することは理解できる」と述べ（『朝日新聞』一九五四年一月八日）、またアイゼンハワーが一般教書を発表してほぼ一〇日後の吉田茂首相の沖縄に関するコメントも、「現在の沖縄は米国が軍事上の必要から占有しており、沖縄を失うことは共産勢力に対する太平洋防備の一環が欠けることになるわけだ。……国境の問題はあまりケンカ腰にならずダマっておればサッと還《かえ》ってくるかも知れない。神経を使いクヨクヨする必要はない」と、素っ気なかった。

『朝日新聞』は社説で大統領の一般教書を取り上げたが（五四年一月八日）、無期限保有宣言については、「軍事基地を持つことは必ずしも沖縄や小笠原に対する統治権を必要とするものとは思えないが、この点について大統領が何等触れていないのは、相互の独立と信頼という観点から……物足らない」と述べているに過ぎない。

一九五七年六月には、アイゼンハワー大統領は「琉球憲法」とも言うべき「行政命令第一〇七一三号」を公布した。これは、平和条約第三条により米国に与えられた沖縄に対する行政・立法・司法権を、大統領の指揮監督にしたがって国防長官が行使することを確認するものであった。国防長官の管轄のもとに、それまでの民政副長官（在沖米軍司令官）に代わって高等弁務官が任命され、琉球列島米国民政府（ＵＳＣＡＲ〔ユスカー〕）を指揮することになった。高等弁務官には、琉球政府の行政主席や上訴裁判官を任命し、立法院の法案や法律を拒否・廃止するほか自ら布令・布告・指令を公布する権限が与えられていた。琉球政府の刑事裁判権は合衆国の軍人・軍属やその家族には適用されず、民事裁判権も高等弁務官の裁量により民政府が引き取って最終審理することができた。高等弁務官は、第二次世界大戦前の植民地総督に勝るとも劣らない絶対的権限をもっていたのである。

### ✴米民政府の弾圧刑法も法務省は容認

構造的には、合衆国軍最高司令官を兼ねる大統領が、琉球の管轄権を国務長官ではなく国防長官に与え、国防長官が高等弁務官を任命し、その高等弁務官は在沖米四軍（空軍、陸軍、海軍、海兵隊）を統轄する役割をになっていたことが示すように、またアイゼンハワー大統領が一九五四年に一般教書で明らかにしたように、米国の琉球占領は「軍事」が目的であり、この行政命令も住民の自治や生活などより軍事を優先する性格をもっていた。

しかし日本政府は、この行政命令を好意的にとらえた。「米国から沖縄の施政権の返還を求めようとする日本側の要求と、こんどの高等弁務官制度とは直接何の関係もないと思われる。……米国が沖縄保有をさらに強化しようとする考えの表れとはとれない。むしろ逆の方向の表れと善意にとることもできる」というのが、政府の見解だった。また「米国政府が沖縄を継続して統治してゆくという根本的な考えが変わっていないことがうかがわれる」と述べたことが示すように、米国統治の継続そのものには特に異論をはさんでいない。

米国民政府が一九五九年に発表した布令二三号「琉球列島の刑法並びに訴訟手続き法」（新集成刑法）は、「安全」に対する罪、「偵察行為、サボタージュ、扇動行為」に対する罪（いずれも死刑または「民政府が命ずる他の刑」に相当）、合衆国政府・民政府・琉球政府に対する反乱や住民扇動、合衆国政府・民政府・琉球政府に対する中傷的・誹謗《ひぼう》的・扇動的な公的声明や出版・記録・報道などに対する罪を定めた、きわめて抑圧的な内容を含んでいた。高等弁務官の「特別の許可」がなければ、合衆国以外の国の国旗を官公庁や集会で掲揚することも、禁じられた。

復帰運動を封じるためとしか思われないこの刑法は、内外で多くの批判を浴びた。米国自由人権連盟も、「沖縄人と米国人の取扱いが不平等」「安全の意味も余り広くとり過ぎる」「言論、出版、集会の自由に反する罪を含めている」と問題視した。同連盟は、この刑法が琉球住民に米国への忠誠を義務づけ、日本を外国と想定していると批判しただけでなく、「琉球人」という米当局の呼称も「日本国民（琉球人）」に改めるべきだと指摘した（米軍占領の実態については、第Ⅰ部の「朝日報道」を参照）。

ところが、「祖国」日本の外務省では、近藤晋一情報文化局長が、「米国の措置は沖縄住民の基本的人権を侵すとは思われず、日本復帰運動や施政権返還に影響を及ぼすとは考えられない。日本として介入することはできない」との非公式見解を述べた。事実、日本人同胞の問題でありながら、外務省が米国政府に改善を申し入れることはなかった。

法務省も、「わが国の一部には、この布令が苛酷な弾圧法令ではないかという印象がひろがっているが、この布令の性格からみれば、やむをえないことと考えられる面が多い」として、次のような例をあげた。

……強姦を死刑にすることは米本国ではほとんど当然のこととされているのであって……

わが国の法制だけから新刑法を批判することはできない……。スパイ、サボ（タージュ）、暴動など利敵行為は武装犯行とともに多くの立法例において内乱外患または背反の罪とされ、極めて重く処罰されているのが普通である。……合衆国政府、民政府、琉球政府に対する反乱の教唆、煽動幇助《せんどうほうじょ》、あるいはそのための集会または示威運動の組織、参加を処罰することは……諸国の立法側で認められるところである。（騒擾《そうじょう》に関する規定について）三人以上のものが暴行、脅迫の目的で集合すれば不法集合罪となり、現実に暴行、脅迫をすれば騒擾罪になるとするのが英米法の常識……。

法務省は、沖縄だけに適用される米国の戦時法を「英米法の常識」として容認したのである。法務省の見解には、一部に、暴動を伴わない煽動的行為に死刑を科すのは「極めて異例であり苛酷な立法」「軍事基地として沖縄の特殊な地位を考慮に入れても平時におけるあらゆる秘密に対して死刑を科すことができるとする新布令はやや重いように思われる」「米国旗以外の国旗を公的、または政治的に掲揚することを禁止する新布令の規定は……日米両国が友好関係にあること、沖縄住民の強い希望があることなどを考えれば削除するのがのぞましい」とのコメントもあるが、全般的にはそれほど問題視していない。なお、上記の「強姦＝死刑」というのは、「琉球人」がアメリカ人女性を強姦するというほぼあり得ない場合のことで、この新集成刑法は頻発した米兵による沖縄人女性への強姦の処罰には触れていない。

太平洋戦争の終結からすでに一四年、占領終結および平和条約発効からも七年が経過して、たとえば東京都や神奈川県でこのような布令が公布されたとしても、日本政府は米国による自国民の権利蹂躙《じゅうりん》をあたかも「対岸の火事」のように眺めただろうか。

以上見てきたように、日本政府は、米国の軍事目的のための沖縄支配――日本人である沖縄住民の民意を無視し、住民の基本的人権を侵し、日本本土との往来さえ制限した軍事支配――を容認した。日本は、沖縄に対する「潜在的主権（residual sovereignty）」を保持していたはずであるが、それを行使することなく、すなわち沖縄住民を日本人として扱うことなく、専制的な軍事占領を続ける米国に異を唱えることはなかった。それは、日本の対米弱腰外交というより、いみじくも昭和天皇が述べたように、「日本の国益」に合致したからであろう。日本が沖縄＝植民地論を否定したのも、日本自身が米国の沖縄占領を認めたからにほかならない。

日本政府は、日米同盟を優先して、国民を守るという第一の義務を放棄したのではないか。いや、もしかしたら、その国民が沖縄住民だったゆえに、本土国民の黙認のもとにその義務を放棄できたのではないだろうか。

## 2 「琉球住民」と「日本国民」の間で

パスポートとは、その国の国民であることを証明する身分証明書である。日本人が外国へ出国する際、そして帰国する際は、出国・入国を許可する証明書となる。パスポート申請に戸籍抄本や住民票が必要なのは、日本国民であること（身元）を確認するためである。外国から日本にやって来る人も、その国の国民であることを証明するパスポートを携帯しなければならない。

太平洋戦争後、沖縄から「日本」に、あるいは「日本」から沖縄に渡航するには、そうした身分証明書（パスポート）が必要だった。パスポートが国民としての身分証明書だとすれば、国内の移動にパスポートを申請・取得せざるを得なかった当時の沖縄住民は「日本国民」ではなかったことになる。

### ＊国籍法では「日本国民」

日本国憲法が公布（一九四六年一一月）され、施行（翌四七年五月）されたとき、沖縄は日本から切り離されて米国の占領下にあった。そのため、沖縄住民は四五年一二月の衆議院議員選挙法改正の適用を受けず、それに基づいて翌四六年四月に実施された戦後初の総選挙（→幣原喜重郎内閣誕生）や憲法施行直前の総選挙（→第一次吉田茂内閣）に参加できなかった。

したがって、憲法前文の「国民主権」だけでなく「日本国の象徴であり日本国民統合の象徴」とされた「天皇の地位」規定（第一章）も「戦争の放棄、軍備及び交戦権の否認」規定（第二章）も、沖縄とは無関係だった。第一一条「基本的人権」、第一二条「自由及び権利の保持義務と公共福祉性」、第一三条「個人の尊重と公共の福祉」、第一四条「平等原則」、第一五条「公務員の選定罷免権、普通選挙の保障など」、第一六条「請願権」、第一九条「思想及び良心の自由」、第二一条「集会、結社及び表現の自由と通信秘密の保護」、第二九条「財産権」といった「国民の権利及び義務」（第三章）も享受することはできなかった。[*]

＊米軍占領初期に新憲法の内容を知って、新生日本へのあこがれをふくらませた沖縄人は多い。その後、「平和憲法」下への復帰は沖縄の本土復帰運動の中心的スローガンとなった。

憲法第一〇条（「日本国民たる要件は法律で定める」）により一九五〇年に制定・施行された国籍法によると、「出生の時に父が日本国民であるとき[*]」、また「出生前に死亡した父が死亡の時に日本国民であったとき」、子は「日本国民」とされた。

＊のち昭和五九（一九八四）年の法律45号（国籍法及び戸籍法の一部を改正する法律）一条により、父系主義は両系主義に変更された。

旧国籍法（明治三二年法律第六六号）の、「子ハ出生ノ時其《その》父カ《が》日本人ナルトキハ、之《これ》ヲ日本人トス。其出生前ニ死亡シタル父カ《が》死亡ノ時、日本人ナリシトキ亦《また》同シ《じ》」（第一条）と同じ規定である。沖縄は明治以来日本の一部であり、住民は日本国民であったわけだから、この法律にしたがえば、戦後も日本国民であったはずである。しかし、日本国憲法の保護を受けることはできなかった。

沖縄は少なくとも一九四五年の米海軍政府設置まで、あるいは一九五二年の対日平和条約発効まで、日本の一県であった。したがって、この条文を素直に読めば、一九四五（昭和二〇）年あるいは一九五二（昭和二七）年までに沖縄で沖縄人（＝日本人）を父親に生まれた住民も、「日本国籍」を有していたことになる。いや、日本政府代表の説明によれば、沖縄が一九七二（昭和四七）年に日本に復帰するまでの米国占領時代でさえ、沖縄住民は日本国籍をもっていた……。

憲法に基づいて制定された国籍法により、沖縄住民が一九四五年から一九七二年にいたる米国占領時代も日本人であったとすれば、住民は、当然、主権者として憲法制定に加わり、戦争を放棄し、他の日本人との「平等」の下に、あらゆる基本的な自由と権利を保障され、日本の社会補償制度や教育制度などの適用を受けていたはずである。

しかし、日本政府によれば、沖縄住民が日本国籍を持っていたといっても、それは「法的」に解釈すればの話で、沖縄住民は「現実的」には持っていなかった。近年の、在沖米軍基地や日米地位協定をめぐる外務省や防衛施設庁の官僚たちの言説に通じる、日本政府の「つくろい」や「ごまかし」が透けて見える。

まず国籍法が制定される直前、政府委員（法務府民事局長）の村上朝一（後に、東京高等裁判所長官および最高裁判所長官を歴任）は参議院法務委員会で、講和条約によって沖縄の帰属が決定するまでは国籍法でいう「外国には該当しない」、沖縄住民は「講和条約成立まではなお日本国民」であり、「日本の国籍を有するものと解釈」している、と証言した。

日本政府の解釈では、沖縄住民の国籍は平和条約調印（昭和二六＝一九五一年九月）後も変わらなかった。条約調印の翌年三月の参議院経済安定委員会で、法務局参事官・藤崎萬里（後に外務省条約局長、最高裁判所判事を歴任）が、「（沖縄住民の）国籍は日本の国籍でございます。（中略）国籍が日本にあるということはもう明瞭でございます」と、それこそ明瞭に述べている。

これは、日本が国籍について属人主義をとっているという意味であろう。属人主義というのは、どこに住んでいようと日本人は日本人という考え方である（属地主義では、例えばアメリカで生まれた人は、誰でもアメリカ人になり得る）。

## ✶憲法は適用されない

ところが、永井純一郎議員（社会党）が「根本的な問題」として「沖縄には日本の憲法はじめ諸法規が適用されるのですか」と質《ただ》したのに対し、藤崎は「立法、司法、行政の三権が行使されませんから、適用ないわけです」と答えた。

後で述べるように、米軍占領下の沖縄に住む「日本人」は、日本の国籍をもちつつ日本国憲法の適用を受けない海外在住の日本人と同じ、というのが政府の見解であった。*

＊これは事実に反する。当時においてさえ、海外在住の日本人は現地の日本領事館の保護を受けることができた。それに対し、まるごと米軍の占領下にあった沖縄には日本政府の代理機関はなく、住民は人権侵害や事故・事件に際してそうした機関の保護を受けることはできなかった。一九五六年に設立された財団法人・南方同胞援護会（南援）は、戦没者遺族への援護、本土留学奨学金制度の導入、産業・経済など各種調査の実施、沖縄返還に関する提言などに大きな役割を果たしたが、住民を日本人として扱う（保護する）機能・権限はもっていなかった。

昭和二七（一九五二）年四月一日の衆議院厚生委員会では、厚生事務官（後の厚生事務次官）・木村忠二郎が、次のように、藤崎よりかなり後退した答弁をしている。

沖縄、奄美その他の南西諸島、それから小笠原など、一応米国の信託統治になるところでございますが、そこの住民の国籍がどうなるかということは、現在きまっておりません。一応現在のところ、日本の国籍を持っておるものと考えていいのじゃなかろうかと思います。将来、これがどうなるかということは、今後の折衝にまつものじゃなかろうかと思います。われわれといたしましては、（中略）この法律（注・国籍法）そのものが事実上施行できない、つまりこの法律による権利はありながら、受けることができずにおるというような状態が続くのではないかと思うのでありますが、それに対して今後どういう処置をとるかということは、日本といたしまして、いろいろ考えなければならぬ問題じゃないかと思います。

木村によれば、沖縄住民は日本の国籍をもっていると考えられるが、日米間の交渉次第によっては、国籍法が沖縄に適用されなくなる可能性がある、ということになる。

しかしその一方、同日の参議院経済安定委員会でも、外務省条約局第三課長の重光晶が、こう説明した。「沖縄はスキャップ（マッカーサー連合国軍最高司令官）の行政分離の指令によりまして、沖縄在住者と内地官憲との交渉が絶たれておる現状でございます。従って沖縄には国籍法が元来適用（され）ると考えますが、その国籍法上のいろいろの手続が円滑に行われていないのが現状であると思います。従いまして、これらの手続問題が、平和条約が発効したあとどうなるかということは、結局スキャップの行政分離の命令が、平和条約が発効いたしますと、なくなるわけでありますに結局、平和条約の第六条（注・三条）に基いて信託統治が決定するまで、行政、立法、司法の権限を米国が持っておりまするから、これを持っておる米国と日本との間で具体的にどういうふうにこれらの手続をするかという取極《とりきめ》をやりまして、解決することになると考えます。そういう意味におきまして、国籍法は現在でも、それから平和条約発効直後におきましても（中略）沖縄における日本人（中略）に適用があるという言葉で定義しても差支えないと考えております」と述べたのである。

この答弁からも、沖縄住民の法的地位ははっきりしない。

先の木村はまた、「属人的な法律であるから適用があるということを申上げたのでありまして、憲法その他のものが適用のないことは、これは勿論であろうと思うのであります」と説明していた。この木村の説明により、「沖縄住民には日本人としての国籍こそあるが、憲法は適用されない」と日本政府が考えていたことがはっきりする。

施政権が日本から切り離されたことにより、沖縄住民は、日本国籍は持つものの日本国憲法の適用は受けないことが、これで明確になった。実際には、たとえば沖縄住民は、日本の人口統計に加えられなかったことが示すように、日本人としての「戸籍」さえなかった。

対日平和条約（サンフランシスコ講和条約）は昭和二七（一九五二）年四月二八日に発効した。

翌昭和二八（一九五三）年には、前年に制定された戦傷病者戦没者遺族等援護法（援護法）が米国占領下の沖縄にも適用された。昭和三二（一九五七）年から年金支給の対象は一般住民にも適用された。そのさい、当時の琉球政府が、遺族の了解なしに厚生省（現厚労省）に送った受給者の氏名を、同省が合祀予定者として「祭神名票」に書き込んで靖国神社に渡したため、婦女子（なかには日本兵に殺された幼児や壕から追い出された人もいたという）を含む多くの民間人戦争被害者が、戦争協力者（英霊）として靖国に合祀《ごうし》されることになった。沖縄ではその理不尽さが今でも問題になっている（例えば、石原昌家「問われる『沖縄戦認識』」『琉球新報』〇六年一二月二一日付け等を参照）。

### ✴沖縄住民は外国にいる日本人と同じ

平和条約発効三年後の昭和三〇（一九五五）年一月二一日の衆議院内閣委員会では、沖縄で住民の怒りを買っていた米軍の強制的な土地収用とあまりに安い地代をめぐる問題を、石井総理府南方連絡事務局長は「米軍の管理権に基く内政問題」と呼んだ。また林内閣法制局長官は、「（日本の）領土権は残されているので、その立場からは住民は日本国民と解される」と述べたものの、「行政、立法、司法の三権がアメリカ側にあるので、日本憲法が働く余地はない」と論じた。林によれば、米軍占領下の沖縄住民は「外国にいる日本人と同様な立場」だという。

「日本人」でありながら、日本国憲法の保護を受けない。沖縄にあって、「外国に住む日本人と同様な立場」の住民。

昭和三〇年六月九日の衆議院法務委員会では、猪俣浩三議員（社会党）が「沖縄島民*」は「日本国民」なのか、「日本国籍」を有しているかについて、その根拠とあわせて尋ねた。

*日本本土に住む沖縄出身者と区別するためにこの言葉を使ったものと思われる。事実、本土では沖縄出身者は法的に「日本人」として扱われた。

それに対し、花村四郎法務大臣は、「日本国民なり」と明言した。そして、「昔も今もずっと一貫して日本国籍を持ち、日本国民として今日に及んでおるわけですから、従ってその点は何ら疑いはないと思うのであります る」と述べたのである。しかし、沖縄住民が「すべて」の点で日本本土と同じ日本国民としての地位をもっていることは、否定した。

なぜなら、平和条約第三条によって、「(沖縄に対する）司法、立法、行政等に関する国権がアメリカの手へ移っているという意味において、国民が持つ権利に対しても、それぞれの面に制約を受けなければならないという結果に相なりますることも、これまた当然であろうと思う」からである。ただし、「そういう国権からくる制約を受けたにしても、それが日本人でないとは言えないのでありますから、従って法律的の根拠も、昔も今もずっと日本人できておるわけですから、その点ははっきりしておるのじゃなかろうか、こう私どもは信じておるわけであります」と、花村は付け加えた。もって回った、まぎらわしい日本語であるが、戦前も日本人であった沖縄住民の国籍に変化はないものの、平和条約第三条によって制約を受けている、というのである。

こうした発言から、沖縄住民の国籍（政治的地位）については、政府内部でも混乱していたことが読み取れる。

## ✴沖縄住民を保護するのはどこの国？

こうした政府側の矛盾をついて、猪俣議員が持ち出したのが、暴風のためインドの南端に漂着した沖縄の漁民の保護権がどこにあるか、という問題であった。猪俣議員によれば、インド政府はこれら三四人の漁夫を領海侵犯の罪で刑務所に留置した。漁夫たちは川副という日本領事に救出を求めたが、沖縄島民には日本政府の権限が及ばないとして介入しなかった。そこで同じことを米国領事に頼んだら、アメリカ人ではないという理由で断わられた。そのことを日本の民間団体が問題にしたところ、ようやく日本政府が動いて、一〇人は帰ってきたという。

猪俣議員は、「立法、司法、行政、ことごとくアメリカ政府に譲り渡しました今日においても、（中略）沖縄島民は日本の国民である。日本国民であるといたしますならば、これは国家原理といたしましても、国民の保護権があるはずである。国民の保護権のない国家というものはありません。沖縄島民が日本国民であるならば、日本国においては沖縄島民を保護する権限があるはずである。[*] その権限がないならば、それは独立国ではありません」と追及した。

＊一九六三年には、石垣島に住む女性が「広島で被爆した」と名乗り出た。その後、沖縄出身者に七八人の被爆者がいたことが分かった。六五年には、そのうちの五人が東京地裁に原爆医療法（一九五七年に成立した「原子爆弾被爆者の医療等に関する法律（原爆医療法）」）に基づく医療費請求の訴えを起こした。しかし、沖縄の被爆者が同法の適用を受けたのは一九七二年の本土復帰以後であった。

五五年五月には、鳩山内閣の重光葵《まもる》外相は、沖縄住民の国籍を問われて、「沖縄住民は日本人としてわれわれは考えております」と答え、また外国にいる沖縄人は日本の在外公館で日本人として保護される、住民の渡航には旅券が不要、と述べたが、これも事実に反していた。米国民政府は沖縄住民を「琉球住民」と規定し、「留学」や就職、親戚訪問などのため日本へ渡航する者には米国民政府が発行する「日本渡航証明書」の携帯を義務づけていたからである。

一九六五年に国会で沖縄防衛に関する論議が起こった。社会党議員が、沖縄から米軍がベトナム戦争へ出動しているなかで、沖縄住民に万が一のことが起こった場合に日本政府はどう対応するかと質問したのである。それに対して、佐藤栄作首相は、衆議院予算委員会で「沖縄同胞も日本人」と述べながら、次のように答弁した（六五年五月三一日）。

沖縄一〇〇万の人々の生命、財産等については、申すまでもなく、私どもが考える。これは当然のことだと思います。しかし、……ご承知のように、施政権が日本にない。こういうことで、私どもの考え方あるいは心配がただ心配だけに終わってしまう。こういう場合も、これまたやむを得ないのではないかと思います。

沖縄住民の生命や財産は、犠牲になっても、日本としては「やむを得ない」というのである。

**✴米国側の名称は「琉球人」「琉球住民」**

一方、米国は、沖縄に住む人々を、「日本人」ではなく「琉球人」または「琉球住民」と呼んだ。琉球住民は日本人ではなく、住民にとって日本は外国、というのが米国の立場であった。

「琉球」は、中国と冊封《さくほう》関係にあった時代の「琉球王国」あるいは地理上の名称である「琉球列島」から借りたのであろう。*「琉球」という言葉は、琉球王国時代から引き継がれた「琉球料理」「琉球絣《がすり》」「琉球舞踊」などに、また米国統治時代につくられ、名づけられた「琉球銀行」や「琉球大学」等の呼称として今に残っているが、第二次大戦後住民が自らを「琉球人」や「琉球住民」と呼ぶことはなかった。しかし、米国民政府は、あえて「琉球」や「琉球人」を使い、また「琉球文化」の独自性を強調するほか戦前から戦中にかけての日本による沖縄（人）差別を強調することによって、「日琉離反策」をとった。

＊沖縄を占領していた米国軍政府は、四七年一〇月、「政党について」という特別布告で、「琉球列島における琉球住民」という呼び方をしている。その後は、「南西諸島とその近海住民」、「沖縄人」、「沖縄住民」、「琉球列島の人民」、「琉球住民」、「琉球人」といった用語が併用されたが、一九五〇年一二月に「琉球列島米国民政府に関する指令（スキャップ指令）が公布されてから、「琉球住民」が定着したようだ。

ニミッツ米国太平洋艦隊司令官は、一九四五年の沖縄戦開始にあたって、「米国海軍軍政府布告第一号」を発した。「米国軍占領下ノ南西諸島及其近海居住民ニ告グ」で始まるこのいわゆる「ニミッツ布告」は、「治安維持及米国軍並ニ居住民ノ安寧福祉確保上占領下ノ南西諸島中本島及他島並ニ其近海ニ軍政府ノ設立ヲ必要トス」として、これらの諸島、近海、住民に関する「総テノ政治及管轄権並ニ最高行政責任ハ占領軍司令官兼軍政府総長、米国海軍元帥タル本官ノ権能ニ帰属シ本官ノ監督下ニ部下指揮官ニ依リ行使サル」と定めた。そして「日本帝国政府ノ総テノ行政権ノ行使ヲ停止」した。この時点では沖縄住民は「南西諸島の住民」である。

戦後の一九四七年七月には、マッカーサー元帥が、「琉球はわれわれの自然の国境である。沖縄人が日本人でない以上、（日本が）米国の沖縄占領に反対しているようなことはないようだ」と述べて、「琉球」の沖縄人を日本人から除外した。

## ✶日本渡航証明書

前記のスキャップ指令によれば、「琉球住民」とは米国が占領する「北緯三〇度以南の琉球列島」に住む人々を指した。そして、琉球住民は、米国琉球民政府が統轄する「中央政府」を樹立することになっていた。「在日本の日本人」とか「琉球列島内にある日本人所有の不動産」という言葉が示すように、琉球住民と日本人は明確に区別されていた。沖縄住民の実態も日本国籍をもつ日本人という日本政府の主張とは、明らかに反していた。

アイゼンハワー大統領が一九五七年に発表した「琉球列島に関する行政命令」に、対日平和条約により米国に与えられた琉球に関する行政・立法・司法権を行使するのは国防長官であるが、「琉球列島に関する外国及び国際機構との交渉」については国務長官が責任を負うとある。

米国が定めた「琉球憲法」とも言うべきこの文書に、「琉球人」や「琉球住民」という言葉はあるが、日本国民とは書かれていない。

一九五二年の「琉球政府章典」は「琉球住民」を「琉球の戸籍簿にその出生及び氏名の記載をされている自然人」と定義した。

一九五五年の「琉球住民の渡航管理」(布令一四七号)は、これをさらに「琉球列島に本籍を有し、かつ、現在琉球列島に居住している者」と明確化し、その人々が「日本」へ旅行し、あるいは琉球列島に「再入域」するのに副長官（後に高等弁務官）の名において発給される日本旅行証明書（身分証明書）の携帯を義務づけた。

身分証明書の交付を申請するには、共産党や共産主義とのかかわりを問う質問票に回答しなければならなかった。実際、思想的な理由で「日本旅行」が拒否されることもしばしばあった。もっとも有名なのは、人民党委員長の瀬長亀次郎（一九五七年）、沖縄祖国復帰協議会の代表一三人のうち五人（一九六一年）などの例である。本土の大学に「留学」したものの、復帰運動などにかかわったとして、帰省後、再渡航拒否に遭う学生も少なくなかった。

「亜米利加合衆国政府琉球列島米国民政府（United Civil Administration of the Ryukyu Islands, Government of the United States of America）」が、高等弁務官の名において「パスポートに代わり発行」した「身分証明書（Certificate of Identity）」には、次のように書かれていた。

右の琉球住民に対し通路故障なく旅行させ且つ必要な保護扶助を与えられるよう、その筋の諸官に要請する。

身分証明書によれば、それを携帯するのは「琉球住民（a resident of the Ryukyus）である。日本は「外国」だから、留学や仕事などで日本を訪れる場合も、それを携行しなければならなかった。たとえば一九六〇年に発行された身分証明書には、高等弁務官の名において、「本証明書添付の写真及び説明事項に該当する琉球住民〇〇〇〇（氏名）は、就職のため、日本へ旅行するものであることを証明する」と記載されている。

さらに、「身分証明書に関する注意」には、こう書かれている。

外国旅行中の者で、この証明書を所持する者は国務省の指令により最寄りの米国大使館又は領事館に保護援助を求めることができる。

もちろん、日本からの沖縄渡航も制限されていた。一九五四年の「琉球列島出入管理令」（布令一二五号）によれば、琉球に「入域」しようというすべての者は、「有効な旅券またはこれに代わる公式の渡航証明書と入域許可証」を所持しなければならず、琉球列島民政副長官の許可なしに「入域」し、または「在留」する者は、「強制送還刑、一年以下の禁固刑」、または両刑を科されることになっていた。日本人は、総理府が発行する「沖縄へ渡航することを証明する」という身分証明書（「会議出席のため」などの渡航理由が英文で記載された）を携行した。

琉球大学から中世日本文学の講義のため招聘《しょうへい》された永積安明神戸大教授のように、「基地安全保障のため」という理由で、米国民政府から琉球入りを拒否される事例も少なくなかった。

日本本土から沖縄への渡航は「三カ月と三日」かかると言われた。手続きに三カ月、東京からの船旅に三日、ということである。一九六〇年代初期に東京から沖縄を訪れた新崎盛暉沖縄大学名誉教授は、「東京から沖縄に渡航するためには、都庁に英文の渡航申請書を出し、それが琉球列島米国民政府に送られ、その許可を得てはじめて、身分証明書（パスポート）が発給されることになっていた。私の渡航理由は、『墓参及び親戚訪問』となっていた。このため米民政府公安部に呼び出され、『渡航目的と行動が一致しない』と尋問されたこともある。普通なら一、二週間で出されるはずの身分証明書の発行に二か月ほどかかったこともある」という個人的体験を記している（『未完の沖縄闘争――一九六二〜一九七二』）。

## ✴琉球船舶旗というのもあった

「日本」の主権が及ばないゆえに、沖縄では、日本国旗の掲揚も禁止された。民政府にL／C（信用状）を発行してもらわなければ「日本」との取り引きもできなかった。

一九六二年五月には、沖縄のマグロ漁船がインドネシア海域で銃撃されて一人が死亡、三人が負傷した。これは、当時、沖縄の船が掲げていた琉球船舶D旗（左上図＝国際信号旗のD旗の横端を三角状に切り取ったもの）をインドネシア軍が認識できなかったためであったといわれた。米国高等弁務官は琉球立法院の日の丸掲揚許可要請を断ったが、その夏、白地に赤く“Ryukyu”そして「琉球」と書いた三角旗とその下に日本国国旗を掲揚することを認めた。米国民政府の措置は、沖縄船舶の外交保護権が日本政府ではなく米国政府にあることを示した。

こうして見ると、日本政府の言い分（不明確ではあったが）とは違い、沖縄に対する施政権を保持していた米国からすれば、沖縄には明らかに日本の主権が及ばず、住民は日本人としての資格（国籍）をもたなかった。

琉球住民にはアメリカ市民権も与えられなかった。したがって米国憲法がアメリカ市民に保障した基本的権利や自由もなかった。

沖縄戦終結から二七年間、沖縄住民は、日本国籍をもつ「日本人」でも、アメリカ憲法の下でのアメリカ市民でもなかったのである。日本の憲法（主権）も米国の憲法（主権）も及ばない、実体のない「潜在主権」のもとで国際的に認知されない「琉球人」でしかなかった。

米軍統治下の時代、沖縄の船が掲げていた琉球船舶Ｄ旗．旗の色は上から、黄・青・黄

いま手元に、昭和四四（一九六九）年二月に内閣総理大臣の印を押して日本政府（総理府）沖縄事務所が交付した身分証明書がある。そこには、「日本人〇〇〇〇（氏名）は本邦へ渡航するものであることを証明する」と書かれている。「日本人」が「本邦へ渡航する」というのもおかしな話だが、ページをめくると英文で

琉球米国民政府が琉球列島に永住する者への「出域・再入域許可証」という文言があり、高等弁務官を代理する出入管理官の署名が記されていて、いったい交付者は日本政府なのか、米国民政府なのか、分からない。さらに別のページには、本人が四月六日に那覇の泊港から出発したという英語のスタンプと、四月八日に神戸に「入国」「帰国」したことを示す日本語のスタンプが押されている。沖縄という「外国」から日本に帰国したという意味であろうか。その下には、大阪の豊中市に「転入届」を提出したという印もある。戸籍ではなく、身分証明書にこのようなことを記録されたのは、沖縄人が外国人の扱いを受けていたからだろう。沖縄人の国籍のあいまいさを示す見本である。

## 3 「密約」で葬られた沖縄人の権利

沖縄返還（一九七二年）に先立つ交渉で、日本は沖縄にある施設を買い取る費用として三億二千万ドル（当時の交換レートで約九六〇億円）を支払うことになったが、* 米軍が住民から取り上げて占有していた土地（田畑）を原状復帰するための補償費四〇〇万ドル（約一二億円）をこれに潜り込ませた、という秘密協定のあったことも明らかになっている。日本はそうした義務を負っていなかったため、納税者である国民に公表しなかったのである。

＊一九七一年六月一七日に調印された返還協定（「琉球諸島及び大東諸島に関する日本国とアメリカ合衆国との間の協定」）の第七条は、米国の在沖資産が第六条の規定にしたがって日本政府に移転されることや、米国が「復帰後に雇用の分野等において余分の費用を負担する」といった点などを考慮して、日本に総額三億二千万ドルの対米補償を義務づけている。

## ✴「献呈」された庁舎も買い取る

日本に返還される――いや、日本が米国から買い取る――資産に含まれていたのは、㈠琉球電力公社、琉球水道公社および琉球開発金融公社、㈡那覇空港施設、㈢那覇の裁判所庁舎、那覇の英語センター、那覇、名護、石川、宮古及び八重山の文化センター、那覇の琉球政府庁舎、民政府八重山庁舎、民政府宮古庁舎などの、いわゆる行政用建築物、㈣ほぼ二〇〇キロにおよぶ車道と道路構築物（信号機、標識、橋など）、㈤航空保安施設（南大東島、久米島、石垣島、与那国島の無指向性無線標識施設など）、㈥航路標識（灯台、灯浮標など）、㈥那覇と渡嘉敷島にある米軍補助施設のうち日本の使用のために開放される設備、などであった。こうした買い取り総額が三億二千万ドルと計上されたのである。

ところが、現在沖縄県庁が建っているところにあった四階建ての琉球政府行政府庁舎の一階には、"Executive Building, Government of the Ryukyu Islands, Dedicated to the Ryukyuan People by the United States of America"（「琉球政府行政府庁舎　亜米利加合衆国に依り琉球の住民へ献呈さる」）と書かれた銘板が打ち付けられていた。「献呈」には歌、著作、思いなどを誰かに「捧げる」という意味があるが、この場合の「献呈」とは明らかに「贈呈」を意味した。

同様に、上記の多くが、米国が琉球占領支配のために建設した施設であった。[*] つまり、沖縄返還に際して沖縄住民に無償譲渡されるべき資産を、米国は日本に「売却」し、日本は「買い取った」のである。あるいは米国政府が埋め立てた土地さえ、このような財産目録に入っていた。北《ちゃ》谷《たん》村にある国務省職員用住宅は、米国政府が引き続き所有することになった。そこには、対米軍「思いやり予算」に通じる考え方が見られる。

＊「贈与」が「債務」になったのは、これが初めてではない。米国は、かつて日本の救済と復興のために多額の占領地域統治救済資金（ガリオア）と占領地域経済復興資金（エロア）を提供した。日本はこれらを「贈与」と考えていたが、米国は「債務」として返還を要求し、日本は約五億ドルの返還に応じた（「日本国における戦後の経済援助の処理に関する日米協定」一九六二年一月九日）。

一方、米軍や米軍人・軍属が琉球諸島やその住民に与えた影響（損害）については、日本は原則として、米国に対する「すべての請求権を放棄」することに合意した（第四条）。「原則として」というのは、「琉球諸島及び大東諸島の合衆国による施政の期間中に適用されたアメリカ合衆国の法令又はこれらの諸島の現地法令により特に認められる日本国民の請求権の放棄」は含まれないことになったからである。（福田外相の説明によれば、「アメリカの法令に基づく根拠を持つもの、そういうものにつきましてはアメリカがこれを補償する……」とされていた。）

さて、この返還協定には、沖縄戦後に接収されて軍事基地となり、その後返還された田畑などを元の姿に戻す費用は、米国が「自発的」に支払う、と明記してあった。原状復帰のための「補償費」というからには、国際法上、米国が負担するのは当然となる。

しかし、一九七一年一二月、衆議院の沖縄返還協定特別委員会で社会党の横路孝弘議員によって、日米間に密約があったことが暴露された＊（事件と裁判の経過については澤地久枝『密約――外務省機密漏洩事件』に詳しい）。機密文書にはアメリカ側の発言として、「財源の心配までしてもらったことは多としている」（マイヤー大使）とか「問題は実質ではなくアピアランスである」（スナイダー公使）と書かれていたという。「アピアランス（appearance）」とは、「外見」あるいは「見せかけ」という意味である。言葉を換えれば、国民に「ウソをつく」ということにほかならない。

＊この質問は『毎日新聞』の西山太吉記者が親しくしていた外務省の女性事務官から入手して横路議員に渡した機密文書に基づいていた。東京地検特捜本部はこれを「ひそかに情を通じて」入手し

たと表現、週刊誌やテレビを中心にメディアも「男女スキャンダル」として大きく取り上げ、「密約」問題はかすんでしまった。外交上の裏取引に関する国民の「知る権利」が、男女の私的関係にすりかえられたのである。

西山記者は、沖縄返還協定調印に関する記事（一九七一年六月一八日）で、日米交渉の「疑惑」について報道していたが、「外務省機密を漏洩《ろうえい》した」として七二年に国家公務員法違反で逮捕・起訴され、最高裁判所で有罪判決を受けた。「機密を漏洩した」というのだから、記事が事実に基づいていたことを認めたのだろう。

その後、政府や外務省のたび重なる否認にもかかわらず、密約の存在を裏付ける米公文書が相次いで見つかった。その後も政府は密約の存在を否定しつづけたため、西山は〇五年四月、不当な起訴や明らかとなった密約の存在を否定しつづけることでジャーナリストとしての名誉を傷つけられたとして、国に対し損害賠償三千三百万円と謝罪を求めて東京地裁に訴訟を起こした。

判決は、二〇〇七年三月二七日に下されたが、訴えの内容には一歩も踏み込まず、「不法行為から二〇年が過ぎれば賠償請求権は自動的に消滅する」という民法の「除斥《じょせき》期間」を適用した、文字どおりの門前払いで終わった。この判決について外務省の報道官は「適切、妥当な判決」と評価したが、原告は「司法の自殺行為のような判決」だとして怒りをぶちまけた。

日米交渉時に大蔵大臣だった福田赳夫《たけお》外務大臣は、七一年一二月の横路の質問に対し、三億二千万ドルについて「大蔵大臣としての私は承知しておりません……。まして、総理大臣がそういう数字をご存じであるはずがあろうとは思いません」とシラを切っている。七二年三月末の衆議院予算委員会で西山記者から渡された三通の電文にしたがって改めて質問した横路に対しても、福田は「いろいろいきさつはあるにいたしましても、三億二千万ドル、これを支払う、一括して支払う、こういうことになった。またそれに何か裏取り引きがあるというようなお話でありますが、裏取り引きは全然ありません」と答弁した。

それから三〇年後の二〇〇〇年と二〇〇二年に、秘密協定があったことを裏づける外務省の極秘電文が米国の公文書館で発見された。しかし、政府は協定の存在を否定し続けた。

## ✴吉野元外務省アメリカ局長の証言

ところが、それまで衆議院などで協定の存在を否定し続けてきた吉野文六・元外務省アメリカ局長が、二〇〇六年二月、『北海道新聞』をはじめ、共同通信や多くの新聞社のインタビューでそれまでの証言をひっくり返した。吉野は、当時対米交渉に当たり、真相をもっともよく知る人物である。

ここでは、『朝日新聞』の記事（二〇〇六年二月二四日）に基づいて吉野の新証言を紹介しよう。

それによると、佐藤栄作首相は、「当初、（沖縄の）無償返還を約束していた」。土地の原状復帰費用（補償費）も、米国が負担することになっていた。国際法では、それが常識であろう。

しかし、米国議会がそれに抵抗した。当時の米国は、ベトナム戦争の戦費膨張や海外投資の増加と貿易赤字の増大による国際収支の悪化によって、ドルの信用ががた落ちするという深刻な「ドル危機」に直面していたからである。

吉野は証言する。「沖縄に返される土地の原状回復補償費は対米請求書の項目に入っており、日本側が払うとは明示できない。かといって、議会が強硬に反対する米側から出させることもできなかった。四〇〇万ドルは日本側の支払いの中に入れて欲しい、という気持ちが（米側に）あった。そのなかで、ああいう便法（注・秘密協定）を考え出したのだと思う」。つまり、返還地の原状回復保障費は米国が負担する約束だったのに、「とにかく（返還）協定を結ぶことを優先」するために、日本側が負担することに同意したのだが、首相が「無償返還」を公言した手前、日本の世論に知られると困るので、秘密裏に処理したというのである。

なぜそうなったのか。その背景を、吉野は次のように説明する。――「我々がもっとも腐心したのはVOA（ボイス・オブ・アメリカ）*の移設と、『核ぬき』を実現できるかだった。核があるかないかはわからない。ただ、核の撤去費を増やせば増やすほど、核ぬきを印象づけることができ、結局、七千万ドルにまで膨らんだ。米側から積算根拠を示されなかったため、その中に肩代わり分の原状回復補償費を入れることができた」。核撤去を「印象づける」ためにその費用を七千万ドルに膨らませ、その中に土地の原状復帰補償費四〇〇万ドルをもぐりこませた、その結果、日本の負担額が三億二千万ドルになった、というのである。

＊ＶＯＡ（ボイス・オブ・アメリカ＝アメリカの声）は、一九四二年に創設された米国政府の対外宣伝放送機関で、冷戦時代は米国情報局（ＵＳＩＳ）のもとでソ連を中心とする共産圏向けにロシア語、中国語、コリア語などで盛んに宣伝放送を行った（現在も続けている）。東アジアにおける拠点は沖縄本島（嘉手納に本部、北部の奥間に発信所、中部の万座毛《まんざもう》に受信所）に置かれていた。協定（第八条）によれば、日本政府は協定発効後五年間の放送継続を認め、沖縄におけるその後の放送については発効二年後に協議することになった。日本の電波法では、ＶＯＡのような外国政府機関には電波放送の免許は交付対象外となっているが、特例扱いになったのである。奥間のＶＯＡ発信局には二二のアンテナ、万座毛の受信局にはアンテナが二七七、短波放送の送信機が一〇〇キロワット用一台を含め五台もあった事実から見て、送受信ともかなり広範囲に及んでいたことが察せられる。

なぜ密約の存在を否定してきたかについて、吉野は「当時は、とにかく協定を批准させればそれでよい。あとは野となれ……という気持ちだった。そのために『記憶にない』『そういう事実はない』と言ってきた」と述べる。二〇〇〇年に密約を裏づける米公文書が発見され、そこにある「ＢＹ」のイニシアルを見せられたときは、「自分のサインだと認めざるを得なかった」が、河野元外務大臣から「とにかく否定してくれ」と言われて、そのまま否定姿勢を貫いたのだと言う。

この密約には、いくつかの問題がある。

第一に、沖縄で厳しく批判されたように、協定に記されている総額三億二千万ドルの資産買い取りだ。これらの「資産（協定の英文版ではUnited States assets）」は、前述のように、沖縄に対して行政・立法・司法権をもつ米国が沖縄の占領統治のために準備したものであり、それを日本政府が買い取るというのは沖縄住民には納得がいかない。米国政府は対日平和条約第三条により、南西諸島に対する「唯一の施政権者」として住民の福祉（安定した生活）に全責任を負っていた。国連憲章も、占領国に占領地の政治的・経済的・社会的復興を義務づけている。ところが、米国は、沖縄住民から日本国籍を奪い、日本から「琉球住民」に対する施政権を奪っていたにもかかわらず、その期間の施政費を（資産の買い取りという形で）日本に負担させたのである。

第二に、河野の証言にある「核の撤去費」については、そもそも沖縄の核兵器が本当に撤去されたかどうかさえ明らかでなく、また返還協定や関連文書にも「撤去費」について記載はない。河野自身、「核があったのかどうか誰も知らないし、ましてやそれを撤去したのを見た人はいない。核の撤去だって密約ですよ」と述べている（『毎日新聞』二〇〇六年二月一〇日）。

第三に、九六〇億円もの金額が国民の税金でまかなわれていながら、その細目や積算根拠は公開されていない。税金使用の不透明性、情報開示の否定は、国民主権を侵害するものと言えよう。

そもそも、秘密協定の存在を立証する米公文書があるのに、政府の閣僚や官僚が衆議院や参議院でこれを否定するのは、外交上の機密がからんでいるとはいえ（米国が公文書を開示した時点で、機密性は消えたはずである）、偽証に当たらないだろうか。

第四に、講和前の対米請求権が放棄された。確かに、対日平和条約一九条には、「日本国は、戦争から生じ、または戦争状態が存在したためにとられた行動から生じた連合国及びその国民に対する日本国及びその国民のすべての請求権を放棄し、且つ、この条約の効力発生の前に日本国領域におけるいずれかの連合国の軍隊又は当局の存在、職務遂行又は行動から生じたすべての請求権を放棄する」と書かれている。しかし、この条約によって早々と連合側の占領が終了した日本本土と、その後二〇年間も米国が軍事目的で占領し（つまり治外法権を行使し）続けた沖縄を同列に論じることはできないだろう。

## ✴他にも疑われる密約の存在

一九七一年一一月の衆議院「沖縄及び北方問題に関する特別委員会」で、公明党の中川嘉美議員が、国としては対米請求権を放棄するものの、「沖縄県民の個々の対米請求権を消滅せしめるものではない……。消滅はしないだろうから、かってにアメリカとでも交渉しなさい」というのが政府の態度である、と非難したのは、そのためである。それでは損害を受けた個々の沖縄住民は、

「どうやって、どこの裁判所に、だれのところへそういうものを持っていったらいいのか」と中川は嘆いた。ちなみに、中川が挙げた沖縄の対米請求は、講和前の人身損害補償漏れ、軍用地復元補償、米軍演習等による漁業補償、軍用地の接収に伴う通損補償、軍用地借賃増額請求、軍用地立ち入り制限に伴う入り会い制限による損失補償、講和後の人身損害に関する補償、つぶれ地補償、滅失補償、そして基地公害に関する補償、の一〇項目であった。

中川議員は、「この協定の締結にあたって、アメリカのほうが施政権者として当然なすべき補償でありながら、そのままほったらかしておいて、そしてそういったことから生じた沖縄県民の請求権というものをアメリカが日本国に放棄させてしまう、こういうことです。これではあくまでも国際信義上許せない。断じて許せない」と強く非難した。その上で、沖縄住民への「外国補償請求法（外賠法）」（米国）の適用性について、「沖縄における米合衆国軍隊、軍人及び軍属の不法行為に基く賠償事故の主な例――一九六三年二月二八日から七〇年二月二日」という文書から、いくつかの例を紹介した。

▼一三歳の少年が米軍トラックにひき殺され、一万二九三八ドル五二セントの賠償請求がなされた。それに対する賠償額は三二二三ドル。

▼一五カ所の「燃える井戸」（嘉手納航空隊基地から燃料が地下水に洩れたことによる）に対する賠償請求額二万六千余ドルに対し、認められたのは一万六千ドル。

▼四五歳の男性が米兵に刺し殺された。請求額一六万九三九七ドル五三セントに対する賠償額は一万四千二百ドル。
▼三四歳の女性が米兵に絞殺され、請求額九六七四ドル八二セントに対し、支払われたのはわずか三五三〇ドル。

当時、沖縄担当だった山中貞則国務大臣によると、外国人損害賠償法では現地で認められる賠償額が最高一万五千ドルに設定され、それ以上の賠償は米国議会の承認が必要だったという。そのために、人命が失われてもわずかしか賠償されない、という事例が発生したのであろう。

この委員会では、佐藤栄作首相が、沖縄住民は、「占領下あるいはまた施政権下にあって非常な苦難、苦痛をなめている、またたいへん人的にも人権が尊重されてないという非常な不平等な状況下に生活をしてこられた」と述べているが、日本政府がその事実を知りつつ、米国にはっきりと改善を求めた形跡はない。つまり、国内向けの発言でしかなかった。沖縄返還を控えた七一年のこの委員会では、政府は人身被害をはじめ、農業や漁業への被害の補償について、国内措置を講じる約束をしたが、これも本来ならば米国が負担すべき責任を、日本政府が肩代わりするということであろう。

沖縄に関する日米秘密協定は、核兵器の緊急時持ち込みのことだけに限らない。日本の中で米軍基地がもっとも多い沖縄に対する政府の特別扱いから、米軍のさまざまな活動（基地提供、兵器・

弾薬、訓練・演習、出撃、騒音など）について他にも秘密取り決めがあるのではないかと疑われる。

どうやら、この国の政府は、国民の税金で国政を担当していながら、国民への説明責任や税金使用の透明性には責任を感じていないらしい。とりわけ対米関係では、米国は定期的に情報を開示するのに、日本側が秘密を守ろうとする。これでは、憲法の「国民主権」が泣く。

## 4 「祖国復帰」がもたらしたもの

沖縄が求めていた「祖国復帰」が一九七二（昭和四七）年に実現した。多くの住民は、「祖国復帰」に米国からの解放と基地（戦争）の島から平和の島への転化という夢を托した。復帰は、「琉球人」を日本国憲法の適用を受ける「日本人」に戻したという意味では画期的な出来事であった。しかし、住民の願いを満たすものではなかった。

あれから三〇数年が経過したが、住民の願いはいまだに達成されていない。日本政府は、本土復帰に際して、「本土並み」を約束したが、政府がその約束を守らなかったからである。特別措置により教育施設、公共施設、道路などは格段によくなった。以前と比べて医療や社会保障も充実した。憲法が適用されることにより、米軍占領下で頻発した思想的理由による本土渡航制限が撤廃されただけでなく、基本的人権の侵害も大幅に減った。しかし、人々は日本政府や本土の日本人との大きな心理的距離を感じざるを得ない。端的に言えば、差別的扱いを受けている、という実感である。

## ✶金網の向こうのアメリカ

その最大の理由は、沖縄の中に軍隊を中心とする「米国」が存在することにある。

「沖縄の中の米国」は、大統領を頂点として、国防長官↓太平洋コマンド総司令官↓在沖米四軍調整官の指揮のもとに、在沖海兵隊・空軍・海軍・陸軍の諸部隊、軍属および軍人・軍属の家族が構成する。「沖縄」にありながら、かつて『ニューヨーク・タイムズ』の記者が「リトル・アメリカ」と称した、沖縄住民とは金網で分離された地域と組織である。

現在、「リトル・アメリカ」は沖縄本島の面積のおよそ二〇％を占める。ここは、日本の憲法ではなく、米国の憲法や軍法、そして日米地位協定にしたがう、日本（沖縄）の中のアメリカだ。

「リトル・アメリカ」の存在理由は、もちろん米軍である。米軍は、沖縄に広大な訓練（演習）場や飛行場のほか、港湾、弾薬庫、燃料などの物資保管施設、通信傍受施設、兵舎、病院などを有しており、イラクやアフガニスタンを含む「周辺地域」で「有事」が発生すれば、大統領府や国防総省の指示を受けてただちに対応できる態勢にある。中国や北朝鮮の動きも、二四時間体制で監視している。二〇〇六年には、北朝鮮のミサイル発射を受けて、最新鋭の地対空誘導弾パトリオット（PAC3）二四基が嘉手納基地に配備された。

二〇〇五年現在の沖縄の中の「リトル・アメリカ」（軍人、軍属、家族）の人口は、およそ四万三千人。もっとも多いのは海兵隊（二万一千人）。次いで、空軍（一万五千人）、海軍（四千人強）、陸軍（二千人強）の順だ（沖縄県知事公室『沖縄の米軍及び自衛隊基地（統計資料集）』平成一八年三月」）。一九七九年のおよそ六万人、最近でもっとも多かった二〇〇三年の五万一千人よりかなり減っているものの、それでも在日米海兵隊兵力の七九％、空軍兵力の五三％、海軍兵力の四四％、陸軍兵力の五三％を小さな沖縄一県だけで抱えていることになる。基地面積も、空軍の二万平方キロ強、陸軍の四千平方キロ弱、海軍の三千平方キロ強に対して、北部訓練場、キャンプ・シュワブ演習場、キャンプ・ハンセン演習場、キャンプ瑞慶覧《ずけらん》（兵舎地区）、普天間飛行場、伊江島補助飛行場などを抱える海兵隊は一八万平方キロと格段に広い。

在沖米軍の中心は、海兵隊だ。海兵隊は、米国の五軍の中では陸・海・空軍より小さく、沿岸警備隊よりは大きいという組織に過ぎない。しかし、米国にとって海外における戦闘――とりわけ強襲上陸作戦――には不可欠の存在だ。独自の航空部隊や陸上部隊をもち、緊急事態に対して、海軍・空軍・陸軍の役割を果たせる史上最強の軍隊として知られる。

　在沖海兵隊の重要拠点は沖縄中部にあるキャンプ・コートニー。第三海兵遠征軍（ⅢMarine Expeditionary Force＝ⅢMEF——米軍には三つのＭＥＦがあり、唯一米国以外で常時展開しているのが在沖ＭＥＦ）の司令部基地である。* そのウェブサイトは同遠征軍（日本の防衛省は「第三海兵機動展開部隊」と呼ぶ）について「第三海兵遠征軍は、海兵隊の前方展開空・陸・兵站《へいたん》基地チームで、迅速に、またあらゆる方法で展開し、海兵隊進攻部隊、海兵隊進攻旅団、海兵隊進攻兵団を通じた特殊海兵隊空陸任務部隊による作戦を実行できる常時臨戦態勢軍」だと説明する。第三海兵遠征軍（およびその前身）は、兵站部隊に支えられながら沖縄で繰り返し海上移動訓練、上陸訓練、陸上戦闘訓練、飛行訓練、爆撃訓練などを行い、ベトナム、中東湾岸、イラクなどへ出撃してきた。金武《きん》町の海兵隊キャンプ・ハンセンには、二〇〇六年、村落からわずか数百メートルのところに対テロ・ゲリラ戦用の都市型訓練施設も完成した。訓練を行うのは、海兵隊員や陸軍の特殊部隊グリーン・ベレーだ。テロリストやゲリラに立ち向かう米軍の第一線部隊である。

＊ⅢＭＥＦ司令部は、米軍再編により、それに所属する約八千人の海兵隊要員、その家族およそ九千人とともに、沖縄からグアムに移駐することになっている。しかし在沖海兵隊の実動部隊は残され、海兵隊特有の機動力と即応力を維持するほか、海上・航空輸送で日米が協力することになっている。この司令部移駐が、在沖米軍基地の機能にどのような影響を与えるのか、全般的な米軍再編

とあわせて、まだ不透明だ。

かつて那覇やホワイトビーチなどに広大な艦隊用港湾や航空隊施設を擁し、艦船を通じてベトナム戦争への兵員・武器弾薬補給などで活躍した在沖米海軍は、今では北大東島周辺の沿岸演習場、天願《てんがん》桟橋や陸軍と共用するホワイトビーチ港湾、通信傍受施設をもち、他の軍隊（海兵隊、空軍、陸軍）を支援する二次的な役割を果たしているに過ぎない。基地面積も兵力も、海兵隊とは比較にならない。

空軍は、さまざまな戦闘機、輸送機、空中給油機、偵察機などが離発着を繰り返し、最新型のパトリオット・ミサイルも配備された巨大な嘉手納空軍基地（第一八航空団の本拠地）を中心に、弾薬庫（海兵隊と共用）、通信傍受基地、久米島や出砂島周辺などに射爆演習場*を構え、相変わらず重要な戦略的役割を担っている。

＊米国は、このような離島射爆撃演習場に加えて、インディア・インディア訓練区域のように、沖縄近海の海と空に広大な演習場をもっている。

かつて沖縄の占領と在沖米軍の統轄に当たっていた陸軍も、現在は海軍と同じように、後方に退いた。いまでは、北谷《ちゃたん》町の貯油施設、ホワイトビーチ（海軍と共用）、特殊部隊（グリーンベレー）が駐屯するトリイ・ステーション（通信傍受施設）、一九七一年に返還が決まったもののその後三〇年以上も米軍が管理している那覇港湾施設などがあるに過ぎない。

「リトル・アメリカ」には、軍隊だけがいるわけではない。軍属や家族を含めて、アメリカン・コミュニティを形成している。すでに述べたように、そこにはゆったりした住宅や売店（PX）、その他の各種店舗、クラブ、USO（米軍人に「憩い」を提供するための民間非営利機関）、学校*、図書館、ボウリング場、映画館、ジム、チャペル、銀行、郵便局、レストランなども備わっており、軍事基地とは思えないのどかな平和的風景も見られる。もちろん憲兵隊（MP）もあれば刑務所もある。キャンプから別のキャンプを訪れるには、自家用車がなければ軍が運営するグリーンライン・バスを利用する。

＊軍人・軍属に学齢年齢の被扶養者がいたら、国防総省教育活動部（DoDEA）が管理・運営する学校（DoDEA）に通う。DoDEA は、米国内の基地に少数存在する以外は、ヨーロッパとアジア（主として韓国と日本）に散在している。プリスクール（保育園）、幼稚園児から四・五年生までの小学校、五・六年生から八年生までのミドルスクール（中学校、六年生から九年生までの学校もある）、九年生または一〇年生から一二年生までのハイスクールがそろっている。加えて、海外基地に住む軍人・軍属の子どもや軍人・軍属自身が高等教育を受けられるように、メリーランド大学など多くの大学が現地校を開設している。

公用語は日本人従業員を含めて基本的に英語だし、有権者は大統領選挙や連邦議員選挙に参加することもできるが、本国のアメリカ社会と違うところも多い。

まず「住民」の年齢構成や男女比、滞在期間、時間帯が異なる。事務職員や看護婦や兵士の女性もいるが、圧倒的に多いのは二〇歳前後の男性で、沖縄は短期的な駐留地、あるいは戦場や他の訓練地へ、または戦場や他の訓練地からの通過地点、ときには空母などが接岸した際の陸上娯楽地点に過ぎない。

アメリカの一般社会と異なり、「リトル・アメリカ」には、米国憲法で保障されている言論の自由はない。その最たるものは、米国の外交・軍事政策や軍当局を批判する自由だ。軍人・軍属には、軍の命令に従うか、除隊させられるか、の二者択一しかない。また一般社会とは異なり、厳しい階級社会だから、基本的には上官に逆らうことも許されない。地上勤務の軍属や家族を除けば、日常の行動は軍が決めるスケジュールにしたがう。

復帰前の米軍占領時代には、「リトル・アメリカ」は近づきがたく（支配者と被支配者）、恐れられ（フェンスを写しただけで逮捕の対象になった）、羨ましがられ（自動車、電化製品や食べ物など物質的に豊か、メードを雇えるほど沖縄人の何倍もの給料、別荘地のような住宅地）、ありがたがられ（民間の職場より高給）、一方、その歴然たる階級構造ゆえにうとまれる存在だった。事故や事件を起こしても、その処理は米軍の裁量にまかされ、被害を受けた沖縄住民としては「泣き寝入り」するか「抗議」するほか道はなかった。

しかし祖国復帰によって、米国の軍事占領にはピリオドが打たれた。生活の格差も見られなくなった。それでも沖縄住民にとって、「リトル・アメリカ」は隣り合わせでありながら、はるか遠い存在のままだ。

## ＊「日本」との距離

祖国復帰は、憲法下の人権保護や自由、インフラ整備、生活や医療・福祉の向上、教育施設の充実などをもたらしたものの、人々に明確な「日本人」意識まで植えつけるには至らなかった。今では新聞などで、日本を「わが国」、自らを含めて「われわれ日本人」と呼ぶ人もいるが、多くの人は自らを「ウチナーンチュー（沖縄人）」という前に「日本人」と呼ぶことにためらいを感じる。それは沖縄独自の歴史や風土や地理的条件のせいでもあろうが、明治以来の差別的扱いも距離感を生んでいるものと思われる。日本（人）から同胞として扱われていない、という意識である。沖縄の新聞に大きく取り上げられる基地問題が、本土のメディアでは話題にさえならないということが、そうした距離感を増幅させているということもある。

実際、私（一九四一年生まれ）の中・高校生のころに用いた日本（本土）製教科書に沖縄への言及はなく、歴史や文学（たとえば俳句の季語や和歌に詠まれる風景）は「異国」のものでしかなかった。家庭や友人との会話で話すのは「教育言語」の日本語（標準語）とは大きく異なる地元の言葉であり、語彙《ごい》、表現、文法などはあたかも外国語を学ぶかのような感があった。近年は言葉も教育やテレビなどの影響もあって「標準語」が主流になりつつあるが、人々の「沖縄人アイデンティティ＝沖縄人意識」が薄まる気配はあまりない。テレビやラジオでは沖縄独特の演劇や三線《さんしん》が沖縄口《うちなーぐち》＝島言葉《しまくとぅば》で演じられ、沖縄口による漫談もある。お盆の時期になると、沖縄各地で若者たちが三線、太鼓、囃《はや》しを中心とする「エイサー」で盛り上がる。失われつつある島言葉の維持・復活をめざして、踊り、三線、シーサー（獅子）作りとともに島言葉を授業に取り入れている学校もある。

復帰後のもっとも大きな変化のひとつは、沖縄と本土との渡航が自由化されたことにより、本土からの訪問者が急増したことであろう。二〇〇五年だけで、本土各地から延べ五〇〇〇万人以上（沖縄県の総人口の約四倍）もの人々が来島したという。かつては戦死者の慰霊のための来訪者が主だったが、近年は大半が観光目的だ。特殊な歴史、文化、自然を擁する沖縄に対する本土の人々の思いや関心の深さが背景にはあるだろう。沖縄への理解も深まっているに違いないが、その一方、米軍基地の実態に目を向けようとしない人々によってただ「観光化」されるだけの沖縄に疑問を抱く住民も少なくない。

沖縄から本土を訪れる人も増えているが、行く先はほぼ京都、大阪、東京、横浜、川崎、名古屋、福岡などの大都市が中心で、目的も観光以外には進学、研修・就職、親戚訪問、会議出席などが主だ。このように本土を旅し、本土で学び、あるいは本土で働く沖縄出身者が、かつてのように「被差別感」を抱くことは少なくなったものの、風習やものの考え方（特に沖縄観、戦争観、自然観）、人間関係について「違和感」を覚える例は多い。本土で就職しても、沖縄にUターンしてしまう若者が多いのはそうした違和感のせいだ。

復帰後、本土企業の進出もあった。ただ、企業というのは採算がとれなければならない。そのため、進出する本土の企業は、公共事業をねらった土木建設業、ホテルなどの観光業、流通（スーパーマーケット）業、飲食業、コールセンターといった分野に限られる。いわば「ブランチ・プラント（分工場＝出先）」現象により、本土の親会社が経営方針を決定し、経営陣を送り込み、労使交渉を主導し、利潤は地元に還元あるいは再投資するよりは多くを本社に回収し、経営がうまくいかなくなれば縮小または閉鎖に踏み切る。製造業なら技術が残るが、消費だけが狙いの企業が残すものは少ない。

かつて私が大使館に勤務したカナダでは、一九五〇年代から六〇年代にかけて国そのものが米国の「ブランチ・プラント」になるのではないかと憂慮された。米国が風邪を引けばカナダは肺炎にかかると言われ、トルドー首相はカナダに対する米国を「（鼻息をするだけで隣にいる者を揺り動かしてしまう）象」にたとえた。しかしカナダは地下資源や林産資源などに恵まれ、米国の資本や技術による経済効果も大きく、経済は安定している。そうした資本や技術を活用できる市場

（米国を含む）を抱えているからだろう。

では、沖縄はどうか。米軍にとって前線基地としての価値があるなら、日本経済にとっても前線中継地点になりうるだろう。そうなれば、日本の「ブランチ・プラント」となろうとも、日本本土を含むアジア太平洋を視野に入れた発展が可能になるだろう。そのための人材育成や経済戦略が不可欠なのは言うまでもない。中国、東南アジア諸国、太平洋諸島、北米、南米を含むアジア太平洋における人的交流の拠点としても、立地条件に恵まれており、沖縄がこの地域における「平和の架け橋」としての役割を果たせる可能性は大きい。

## ✴基地の撤去は不可能ではない

沖縄に海兵隊を中心に巨大な訓練基地、航空基地、軍人・軍属居住区などを擁する米軍は、その機能を維持するために「良き隣人活動」を実施し、日本政府も「思いやり予算」や交付金などによって住民に米軍基地との共生を強いてきた。

しかし、基地収入に頼る一部の地主や市町村や労働者を除けば、沖縄にとって米軍基地はプラスよりマイナスの面がはるかに大きい。沖縄本島の五分の一を占める米軍基地と、米軍が演習に使用する沿岸や無人島や空域。土地によっては軍用地代が実際の価値の何倍かの収入になるといっても、それが戦争や基地被害と結びついておれば、決して気持ちのいい収入ではない。戦争関連収入で暮らしを立てるのは、暴力団稼業と似ていて、平和をめざす善良な住民の意思にはそぐわない。

日本政府が賞賛する「良き隣人活動」も、米国が海外で展開する「平和部隊」の活動と比較してみれば分かるように、明らかに米軍基地のマイナス面を隠そうという意図が動機になっている。米国では、「フィランスロピー」と呼ばれる慈善活動や社会奉仕活動も盛んだ。さまざまな財団、企業、裕福な個人が、恵まれない人々やコミュニティーに、富を再分配するのである。「良き隣人活動」はその点で「フィランスロピー」とも異なる。

米軍基地の撤退は、予見できる将来においては不可能だと信じている人が多い。在沖米軍基地が永久的、あるいは半永久的に存続するものと考えているのである。

しかし、米国では第二次世界大戦から冷戦時代にかけて建設され過ぎた基地施設を減らすための基地整理・閉鎖計画（ＢＲＡＣ）により、多くの基地が閉鎖・開放されている。また、米国海軍が第二次世界大戦以来、訓練に不可欠だと主張してきたプエルトリコのビエケス島およびその周辺海域から、米国は二〇〇三年に撤退した。それに続いて、政情不安定なアメリカの裏庭・中南米の動きや麻薬密輸などの監視に重要な役割を果たしてきたプエルトリコ本島の米軍基地も、大半が閉鎖された。ビエケス島の場合は状況が変化したわけではない。クリントン大統領と彼に続くブッシュ大統領が地元住民の声を受け入れて撤退を決断し、それが本島の基地閉鎖につながったのだ。

そのプエルトリコでは、基地に代わる収入源として亜熱帯特有の自然やカリブ系文化、カリブ海からカリブ海諸島や大西洋へ抜けるその立地条件などを利用した（主として米本土からの）観光、保養・避寒リゾート、海洋スポーツ、医療などの教育、中継貿易、ＩＴ産業を中心とする米国企業の誘致に力を入れている。たとえ生活レベルは多少落ちようとも、独自のアイデンティティと精神的な豊かさを大事にしようという気概が感じられる。米国の自治領（住民は米国の市民権を持つ）でありながらラテンアメリカのさまざまな経済機構に属し、オリンピックへも独自の代表を送っているプエルトリコから、沖縄が学べることは多いはずだ。

米国の国防政策により、ヨーロッパやアジア各地でも基地の整理・縮小および再編も進んでいる。沖縄の場合、朝鮮半島、中国、中東に近いという条件の違いはあるものの、米軍基地の重要性が今後、米中関係や朝鮮情勢の変化により急減する可能性もないわけではないだろう。

もちろん安易な期待は禁物だ。沖縄の近・現代史を振り返れば、政府が県民の要望に耳を傾ける、あるいは本土世論が県民の要望を支持して行動を起こすことに、大きな期待をつなぐことはできない。政府に変革（沖縄の正常化）を期待できないとすれば、沖縄は現状と妥協してそこに甘んじるか、主体的に「第三の道」を探すほかはない。

### ✴世界の中の沖縄

その一つのヒントは、沖縄が「孤島」ではないということに求められる。空と海と人によって、沖縄は世界とつながっている。その「輪」を、どのように活用できるだろうか。

中国と冊封《さくほう》関係にあった琉球王国時代は、王府の認可を得た貿易商人たちが中国は言うに及ばず、北は日本や朝鮮、南は東南アジアのシャムやマラッカ、さらにはスマトラやジャワ島まで出かけていた。

明治時代以降は、ハワイ、ボリビアやペルーなどの中南米諸国、カリフォルニアを中心とする米国、日清戦争により日本が取得した台湾、第一次世界大戦により日本の委任統治領になったサイパン、テニアンなどのマリアナ諸島やパラオ諸島、一九三〇年代後半から四〇年代初期にかけて日本が開拓移民を進めた満州、日本が占領したフィリピンに、多くの人々が移住した。

沖縄戦の後、旧日本領に住んでいた人の大半は引き揚げたが、今度は米軍施政下の沖縄からアルゼンチン、ボリビア、ブラジルなどへの移住が始まった。戦後、アメリカ人やフィリピン人と結婚して、それぞれの国に渡った人もいる。かつては、沖縄系の移民からの送金が故郷に残った家族や親戚の生活、さらには沖縄の財政を支え、沖縄戦直後の苦難にあえぐ人々を支援した。

現在では、子孫を含めた沖縄系の人々は世界中で三〇数万人にのぼるといわれ、世界各地に沖縄県人会がある。本土復帰して二〇年ほどたったころから、沖縄では五年に一度、「世界ウチナーンチュ大会」が開催されているが、二〇〇六年一〇月の第四回大会には二一カ国・三地域からおよそ四千人が参加し、親戚訪問に加えて、四日間のさまざまなイベントを楽しんだ。なかには移民一世も混じっているものの、五・六代目の子孫を含めこれだけの人が「ウチナーンチュ・アイデンティティ」に駆られて「故郷」を訪問するのは、他の都道府県では見られないだろう。これと関連してビジネスマン同士の交流もある。うまくいけば、規模は小さいとはいえ、世界のウチナーンチュを通じて沖縄経済が大きな広がりをもつことになる。

こうしたウチナーンチュは、経済的成長をなし遂げてIT時代に突入した地域やこれからの発展が期待される地域、多文化社会や単一民族社会、仏教圏やキリスト教圏やイスラム圏、比較的に新しい社会や古い社会、近隣と遠隔の地域、移民社会や先住民社会……と、多種多様な地域に住んでいる。その人たちがつくる輪は、まさに国際社会、地球社会そのものと言ってよいだろう。ウチナーンチュの交流拠点となる沖縄は、その意味でも、大きな可能性を秘めている。

沖縄はまた、その歴史と文化の特異性、米軍基地の存在ゆえに、その地理的規模や人口からは考えられないほど世界中で注目されてきた。喜納昌吉の「花」、宮沢和史の「島唄」、ビギンの「涙そうそう」などは日本本土だけでなく多くの国で親しまれている。観光客の出身地は圧倒的に日本の他府県が多いものの、台湾を筆頭に、韓国や中国といった外国からの来訪者も少なくない。

観光客の統計には含まれないものの、沖縄に一時駐留する米軍人・軍属・家族の中に、空手や三線《さんしん》など、自らの沖縄体験を伝える役割を果たす人もいる。泡盛も「世界ブランド」になりつつある。「カリユシウェア」「ウコン」などの他にも「世界ブランド」になりうるものは少なくない。

琉球については、ペリー提督の航海記に多くの文献が記載されていることが示すように、一八五三年のペリー来訪以前から、海外に知られていた。今では、当時の琉球と中国・日本との関係を含めて琉球王国の形態や制度、民族的な起源や歩み、民俗（民間に伝わる風習や風俗）、言語、長寿の要因、先祖崇拝、米国占領、基地問題、日本における社会的・文化的特異性やアイデンティティ意識、移民史、文学などの研究者も世界中に散らばっている。

こうした事象は、沖縄がたんに日本の最果ての一県、あるいは米軍基地の島という現実を忘れさせる。また米軍の駐留やその活動は、必然的に、米国や世界への人々の関心を深めることになる。「異文化理解」や「国際化」が日常化し、他の都道府県にはあまり見られない特徴を沖縄にもたらしている。

米国はもとより、日本本土とも距離をおきつつ、強烈な「ウチナーンチュ」意識と世界の輪の中に存在感をもつ沖縄——そこから、沖縄の将来像が描けないだろうか。米軍基地を抱えたままでもなく、日本に経済的に依存し政治的に翻弄され続けるのでもない沖縄の将来像。そのような沖縄が実現されてゆく過程で、沖縄は日本とアジア太平洋をつなぐ大きな役割を果たすことになるだろう。

## ■主な参考文献

〈資料集〉

沖縄タイムス編『沖縄大百科事典』(沖縄タイムス、一九八三)
平凡社編『世界大百科事典 (第二版・CD-ROM版)』(平凡社、二〇〇五)
中野好夫編『戦後資料・沖縄』(日本評論社、一九六九)
琉球政府文教局研究調査課編『琉球史料 (第一集)』(琉球政府、一九五六)

〈単行本〉

新崎盛暉『未完の沖縄闘争――一九六二〜一九七二』(凱風社、二〇〇五)
大田昌秀『沖縄差別と憲法――日本国憲法が死ねば「戦後日本」も死ぬ』(BOC出版、二〇〇四)
大田昌秀『沖縄の帝王　高等弁務官』(久米書房、一九八四)
小川和久『日本の「戦争力」』(アスコム、二〇〇五)
小川和久『ヤマトンチュの大罪――日米安保の死角を撃つ!』(小学館、一九九六)
我部政明『沖縄返還とは何だったのか――日米戦後交渉史の中で』(日本放送出版協会、二〇〇〇)
澤地久枝『密約――外務省機密漏洩事件』(中央公論社、一九七四、岩波書店〔増補版〕、二〇〇六)
ジョンソン、チャルマーズ(鈴木主税訳)『アメリカ帝国への報復(原題 *Blowback: The Costs and Consequences of American Empire*)』(集英社、二〇〇〇)
進藤栄一『分割された領土――もうひとつの戦後史』〔岩波書店、二〇〇二〕
野村浩也『無意識の植民地主義――日本人の米軍基地と沖縄人』(御茶の水書房、二〇〇五)
本間浩他『各国間地位協定の適用に関する比較論考察』(内外出版、二〇〇三)

琉球新報社編『外務省機密文書——日米地位協定の考え方［増補版］』（高文研、二〇〇四）
琉球新報社地位協定取材班『検証［地位協定］——日米不平等の源流』（高文研、二〇〇四）
地位協定研究会『日米地位協定逐条批判』（新日本出版社、一九九七）
矢内原忠雄『主張と随想——世界と日本と沖縄について』（東京大学出版会、一九五七）
吉田健正『戦争はペテンだ——バトラー将軍にみる沖縄と日米地位協定』（七つ森書館、二〇〇五）
若泉　敬『他策ナカリシヲ信ゼムト欲ス』（文藝春秋社、一九九四）

〈**雑誌記事**〉
岡本行夫「沖縄問題は解決できるのか」『外交フォーラム［緊急増刊　日本の安全保障］』、9:7（一九九六年六月）、（五六〜六七ページ）
　東海大学平和戦略国際研究所主催「研究討論会：今後の沖縄米軍基地と日米関係」（東海大学校友会館、一九九六年一一月一五日）。討論は同国際研究所の【創刊号】特集「日米安保と沖縄問題」に掲載されている。小川は「沖縄米軍基地問題解決へのシナリオ——日本側が備えるべきカード」（六七〜八一ページ）について報告したほか、「第Ⅱ部　沖縄問題研究討論会「討論：今後の沖縄米軍基地と日米関係」（二〇七〜二四二ページ）でも発言している。本書で引用した「沖縄の連中はいい加減にせい」は、この第Ⅱ部での発言。www.tokai.ac.jp/spirit/shuppan/HS01/02_03.pdf。
柳田邦男「迫られる行政の大転換　国民の『いのち』優先を」『沖縄タイムス』（二〇〇六年一〇月一三日）
矢内原忠雄「現地に見る沖縄の諸問題」『朝日新聞』（一九五七年一月二八日）
Bell, Otis W. "Play Fair with Okinawans !" *The Christian Century*, Vol. 71 (Jan. 20, 1954), 76-77.
Memorandum by John Foster Dulles, June 27, 1951, *FRUS*, 1951, vol. 6, 1152-53.
Frank Gibney, "Forgotten Island," *Time* (Nov. 28, 1949), 20-21.

Robert S. Norris, William M. Arkin and William Burr, "Where they were," *Bulletin of the Atomic Scientists*, November/December 1999 (vol. 55, no. 06), 26-35
thebulletin.org 〈http://www.thebulletin.org/article.php?art_ofn=nd99norris_024〉

〈その他の定期刊行物〉

『大きな輪』(在日米国海兵隊発行)
『はいさい』(那覇防衛施設局発行)
『外交フォーラム』(都市出版発行)、(「緊急増刊　日本の安全保障」一九九六年六月)
『朝日新聞』
『毎日新聞』
『産経新聞』
『東京新聞』
『沖縄タイムス』
『琉球新報』
『おきなわ』第一五号(一九五一年一一月)
American Civil Liberties Union, 35th *Annual Report : Clearing the Main Channels* (July 1, 1954. to June 30, 1955),111-112
*Foreign Relations of the United States (FRUS)*
*The Christian Century*
*Human Security*(東海大学平和戦略国際研究所発行)(「特集・日米安保と沖縄問題」一九九六年)
*The New York Times*

*Time*

**〈公文書〉**

国連憲章
国連平和憲章
世界人権宣言
参議院会議録
衆議院会議録
沖縄県
　知事公室基地対策室「沖縄の米軍基地のすがた(二〇〇四年三月版)」〈http://www3.pref.okinawa.jp/site/contents/attach/7005/pamphlet(Japan).pdf〉
　――「「沖縄の米軍及び自衛隊基地（統計資料集）」平成一八年三月〈http://www3.pref.okinawa.jp/site/contents/attach/11562/statistics2006.pdf〉
外務省『外交青書』
防衛庁『防衛白書』

**〈外交文書〉**

「佐藤栄作首相とジョンソン大統領の共同コミュニケ」（一九六七年一一月一五日）
「佐藤栄作首相とニクソン大統領の共同声明」（一九六九年一一月二一日）
「琉球諸島及び大東諸島に関する日本国とアメリカ合衆国との間の協定（沖縄返還協定）」（一九七一年六月一七日調印）

沖縄における施設および区域に関する特別行動委員会（SACO＝Special Action Commitee on Facilities and Areas in Okinawa）「最終報告」（一九九六年一二月二日）
米国民政府布令一四四号「刑法並びに訴訟手続法典（新集成刑法）」（一九五五年三月）
琉球列島の管理に関する大統領行政命令（一九五七年、六月五日）
琉球列島の管理に関する行政命令改正の行政命令（一九六二年三月一九日）
対日平和条約

〈ウエブ・サイト〉

U.S. Department of Defense,"Chart Ⅱ-4 - U.S. Stationed Military Personnel & Bilateral Cost Sharing -- 2001 Dollars in Millions - 2001 Exchange Rates" 〈http://www. defenselink. mil / pubs/allied_contrib2003/chart_Ⅱ-4.html〉
——"Allied Contributions to the Common Defense - 2003 - Chapter 2 " 〈http://www.defenselink.mil/pubs/allied_contrib2003/Allied2003_Chap_2.html#return_Ⅱ-4〉
Chalmers Johnson, in "AlterNet:America's Empire of Bases" (Jan. 15, 2004) 〈http://www.alternet.org/story/17563/〉
国会図書館「日本国憲法の誕生」〈http://ndl.go.jp/constitution/index.html〉
外務省「日米安全保障体制に関する意識調査」〈http://www.mofa.go.jp/mofaj/area/usa/hosho/chosa05/index.html〉
在サンフランシスコ日本国総領事館「各種情報・・U.S. - Japan Relations」〈http://www.cgjsf.org/jp/m08_01_17.htm〉
文部科学省「劣化ウラン含有弾の誤使用問題に関する環境調査の結果について」〈http://www . mext.go .

jp/b_menu/houdou/10/09/980912a.htm〉
外務省サイト「日米地位協定Ｑ＆Ａ」〈http://www.mofa.go.jp/mofaj/area/usa/sfa/qa01.html〉
防衛施設庁サイト「在日米軍施設・区域」〈http://www.dfaa.go.jp/US/sennyosisetuitirann.html〉
ヤパーナ社会フォーラム「世界の環境ホット・ニュース」〈http://blog.mag2.com/m/log/0000083496/106739472?page=1#106739472〉

# あとがき

二〇〇六年三月に大学を早期退職した私は、その年の九月、三五年間住んだ東京から故郷・沖縄に移り住んだ。東京に住んでいても、また主としてジャーナリズムやカナダの外交や政治を専門分野としていても、沖縄への思いは断ちがたく、すでに『沖縄戦――米兵は何を見たか 五〇年後の証言』（彩流社）、*Democracy Betrayed: Okinawa under U.S. Occupation*（『裏切られた民主主義――米国占領下の沖縄』）（Center for East Asian Studies, Western Washington University）、『戦争はペテンだ――バトラー将軍にみる沖縄と日米地位協定』（七つ森書館）などを刊行していた。

帰郷にあたって沖縄への思いはさらにつのり、在京三〇数年の間感じ続けた、沖縄と日本本土の間に介在するいわゆる「温度差」を、一冊の本にまとめてみたいということで、引越し直前に高文研（すでに拙著『カナダはなぜイラク戦争に参加しなかったのか』を出版してもらっていた）に原稿を持ち込んだ。

代表の梅田正己氏から何点かの注文を加えた上で出版の同意をいただいてから、すでに一年以上が経過した。私事にわたるが、その遅れは、私が、故郷への引越しのあと、思いがけず脳出血で倒れ、数カ月にわたりリハビリのための入院生活を余儀なくされたことによる。幸い、リハビリのため入院した病院では、ノートパソコンの持ち込みが許され（その後限られた時間ではあったがインターネットにもアクセスできるようになった）、そのため不自由ながらもリハビリの合間に加筆・推敲を再開することが可能になった。そして梅田氏からの貴重な助言をいただきながら、また高文研と梅田氏に多大の迷惑をかけながら、思わぬ時間をかけて書き上げたのが本書である。

「温度差」というのは、沖縄住民にとっての沖縄（あるいは沖縄観）と本土の人たちにとっての沖縄（沖縄観）の間に横たわる溝のことである。日本で唯一住民を巻き込んだ地上戦が展開されたうえ、戦後も二七年間にわたって米国に軍事占領され、さらに日本返還後も米国の重要な前線基地であり続ける沖縄と、その他の地域に住む人々の間に戦争観や米軍基地に対する考え方の違いがあるのは当然であろう。しかし、「温度差」が単にそれだけの違いによるものでないことは、本書を読んで理解していただけたのではないだろうか。

「植民地」という言葉がすでに通用しなくなった現在にあって、書名にあえて「軍事植民地」とつけたのは、沖縄がまさにその名にふさわしいからである。日本の一県でありながら、住民の意思を無視して、他国が軍事目的のみのために使用している沖縄。東京大学総長だった矢内原忠雄は、ある国が「主として軍事的・戦略的な見地」から「統治」あるいは「利用している」場合に

「軍事植民地」として分類されてきたと述べたが、沖縄は米国が軍事上の目的で統治した一九四五～七二年だけでなく、巨大な基地を維持し続けている現在も、この定義が当てはまる。目的が「軍事的・戦略的」であるがゆえに、憲法が保障する「平穏な生活」や「自由や権利を求める住民の希望」より米国の軍事や戦略が優先される。それは、朝鮮戦争やベトナム戦争やイラク戦争といった「有事」に限られない。沖縄自体が「平時」であっても、米国の政策により数万人もの軍人・軍属が常駐し、昼夜を問わず戦闘訓練を行い、戦闘機や輸送機が爆音を響かせて飛び交う。日本本土から遠く離れた沖縄県に在日米軍基地の七五％、在日米軍要員のおよそ半分が集中し、住民は道ひとつ隔てた航空隊基地や弾薬庫や射撃訓練場との共存を強いられてきた。

しかも、単に米国が住民の意思を無視して沖縄を軍事植民地として利用してきただけではない。一九四五～七二年の米国占領時であろうと、沖縄が日本に「復帰」した以降であろうと、沖縄の実態は日本政府が容認または協力して成り立っている軍事植民地なのだ。世界で群を抜いて多い米軍駐留経費負担（思いやり予算）や日米地位協定による米軍と米軍人・軍属への特別待遇は、まさに日本が米国に沖縄を軍事基地（軍事植民地）として利用させたいからにほかならない。

その意味で、沖縄は日米両国の軍事植民地とも言える。日米地位協定や、日本本土で進行中の「沖縄化」は、日本自体が米国の軍事植民地になりつつあることを示していると言ってもよいだろう。本書は、そのことも明らかにしたつもりである。

植民地の大きな特徴は、住民の声が統治者から無視されることにある。そこには憲法で保障された国民主権に代表される民主主義はない。軍事植民地であれば、「有事への備え」、「脅威への対応」という名において、あらゆることに軍事が優先する。かつては土地接収への反対だけでなく、日本本土との自由渡航、早期本土復帰、基地の整理縮小、人権保障、基地騒音や自然破壊の取り締まり、核兵器撤去の確約などに関する沖縄住民の要求・要望が、ほとんど無視されてきた。

近年でも鳥島での劣化ウラン弾使用演習、普天間飛行場の沖縄内移設、移設完了までの危険な普天間飛行場の継続使用、北朝鮮からの攻撃に備えるという名目によるパトリオット・ミサイル配備、普天間基地や嘉手納航空隊基地における騒々しい戦闘機離着陸、都市型戦闘訓練施設の建設などが、住民に何の相談もなく進められている。政府は、日米地位協定に関する沖縄県の改定要請にも耳を傾けない。

沖縄のもうひとつの特徴は、本書にも書いたように、米軍基地をかかえる自治体に対するさまざまな国庫扶助だ。基地迷惑（ムチ）に対する代償金（アメ）である。今後は新たな基地を受け入れれば増加され、再編された基地の受け入れに反対すれば減らされる（基地再編推進特措法）。沖縄の場合、沖縄戦以来、那覇からコザ（現在の沖縄市）や嘉手納にいたる重要な場所に米軍基地がおかれてきた上に、他にこれといった財源も少ない。財政の基地収入依存症が生まれやすい体質を持っていると言ってよい。国の狡猾なやり方だが、沖縄が基地植民地から脱するためには、何とか他に自立する方法を見つけなければならない。

多くの日本国民にとって、現在、こうした事態は「他人事」「対岸の火事」かも知れない。しかし、米国主導の基地再編によって日本の自衛隊（軍）と米軍の一体化が進めば、いずれは、日本本土も同様の状況におかれる可能性がある。本書は、日本の政治家や一部官僚――そして沖縄問題を自らのこととしてとらえない多くの国民――への異議申し立てが主であるが、心ある読者には、一人でも多くの人に、沖縄という軍事植民地で起きたことがやがてはわが身に降りかかるかも知れないということを知ってほしい。いや、その前に、沖縄住民が六〇年以上も抱えてきた問題を同じ日本人としての視点で見て、できるだけ沖縄との「温度差」を無くするよう努めてほしい。

入院中・リハビリ中の作業でまとめた本書には、思わぬミスもあろうかと思われるが、何とぞご寛容いただきたい。困難な状況下で出版にこぎつけてくれた梅田氏と高文研スタッフに、改めて厚くお礼を申し上げる。

二〇〇七年五月一五日

吉田　健正

**吉田 健正（よしだ・けんせい）**

1941（昭和16）年、沖縄県に生まれる。ミズーリ大学、同大学院卒。沖縄タイムス、ＡＰ通信、ニューズウィーク誌などの記者、カナダ大使館広報官をへて、1989年から桜美林大学国際学部でカナダの外交、米国政治、沖縄、マスメディアなどの授業を担当。2006年３月退職後、沖縄に帰る。

主な著書に『国際平和維持活動——ミドルパワー・カナダの国際貢献』（彩流社）『カナダはなぜイラク戦争に参加しなかったのか』（高文研）『沖縄戦——米兵は何を見たか　50年後の証言』（彩流社）Democracy Betrayed: Okinawa under U.S. Occupation（『裏切られた民主主義——米国占領下の沖縄』）（Center for East Asian Studies, Western Washington University）、『戦争はペテンだ——バトラー将軍にみる沖縄と日米地位協定』（七つ森書館）など。

# 「軍事植民地」沖縄
## ——日本本土との〈温度差〉の正体

●二〇〇七年 六 月二三日——————第一刷発行

著　者／吉田 健正

発行所／株式会社 高 文 研
東京都千代田区猿楽町二—一—八
三恵ビル（〒一〇一＝〇〇六四）
電話　03＝3295＝3415
振替　00160＝6＝18956
http://www.koubunken.co.jp

組版／株式会社Web D（ウェブ・ディー）

印刷・製本／株式会社シナノ



ISBN978-4-87498-385-0　C0036